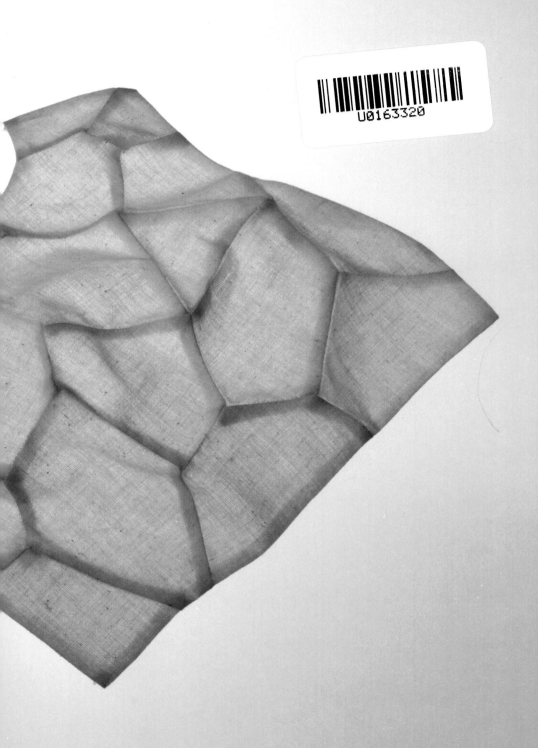

中道友子魔法裁剪3

[日] 中道友子　著

李健　余佳佳　译

对于我而言，这不仅仅是好看的廓形。

激发我开始绘制纸样的是那些让我觉得有趣抑或是美好细微的事物，从而想通过服装这个载体赋予它们生命。当我一遍又一遍地勾勒线条，探求它们组合后的造型时，我的内心充满抑制不住的快乐。

有时，我会把我喜欢的东西放在一起，过了一会儿当我回过神时，我已经在画图了。正是生活中那些琐碎的小事，那些我平日听到或是看到的生活碎片，造就了我的工作方式。

我会用现在我所拥有的这些继续下去。虽然，我可能很快就会重新思考……

东华大学出版社·上海

目 录

第一部分
精美的造型技法

表面立体造型

5········20

6········21

塑造波浪造型

7········26

8········28

9········31

减量与展开

10········36

11········37

减量与展开

11········38

12········40

13········42

多面体造型

14········46

15········48

曲面轮廓造型

16········52

16········53

第二部分
面料的动态效果

整身荷叶边造型

55·········63

66·········67

背包造型

56·········70

57·········74

57·········76

弹力抽褶

58·········81

锯齿造型

59·········85

60·········88

60·········90

本书使用方法
91

成人女子文化式原型
92

成人女子文化式原型 M 号尺寸
（1：2 纸样）
94

本书使用与日本成人女子文化式原型配套的人台。详见第 92 页。制图全部采用女性 M 号尺寸（胸围 83 cm，腰围 64 cm，背长 38 cm）。分割线的位置、量等根据尺码的大小进行变化。如果使用 1/2 人台，在绘制纸样时需将所有尺寸减半。

中道友子魔法裁剪

第一部分
精美的造型技法

真实，已越来越难得。

随着文明的进步，很多物品被简单、快速地制作成型。这当然是好的，但同时我们也因此失去了一些东西。手工织造的柔软面料、精巧制作的手工艺品、独一无二的工艺方法……我们与它们已渐行渐远。我希望趁我们还可以感受的瞬间，去看向真实，去了解真实，去触及真实。

同时，我希望我们学着去感恩，感恩让事物保持真实感的一切。

表面立体造型 详见第 20 页

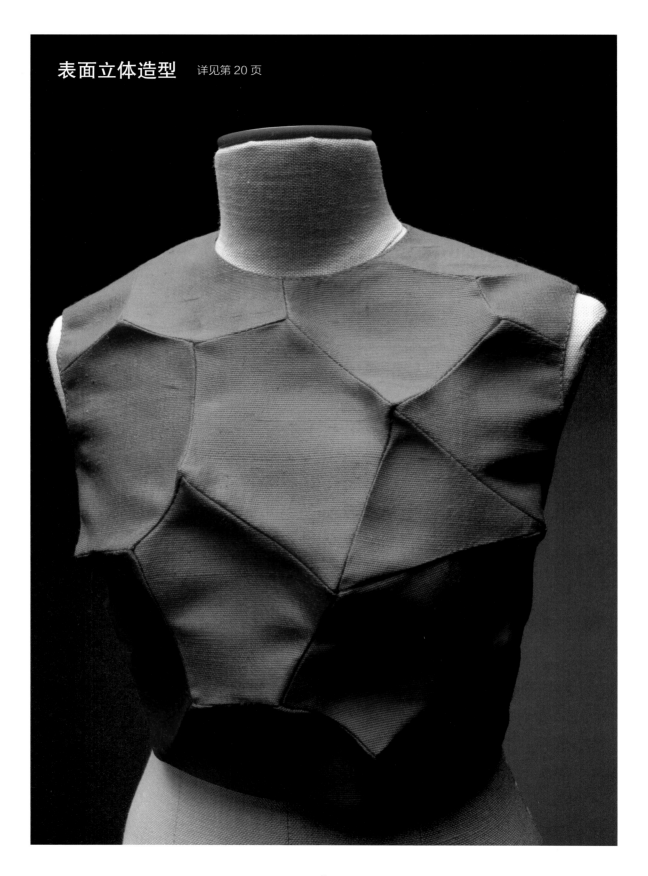

表面立体造型　详见第 21 页

塑造波浪造型 详见第 26 页

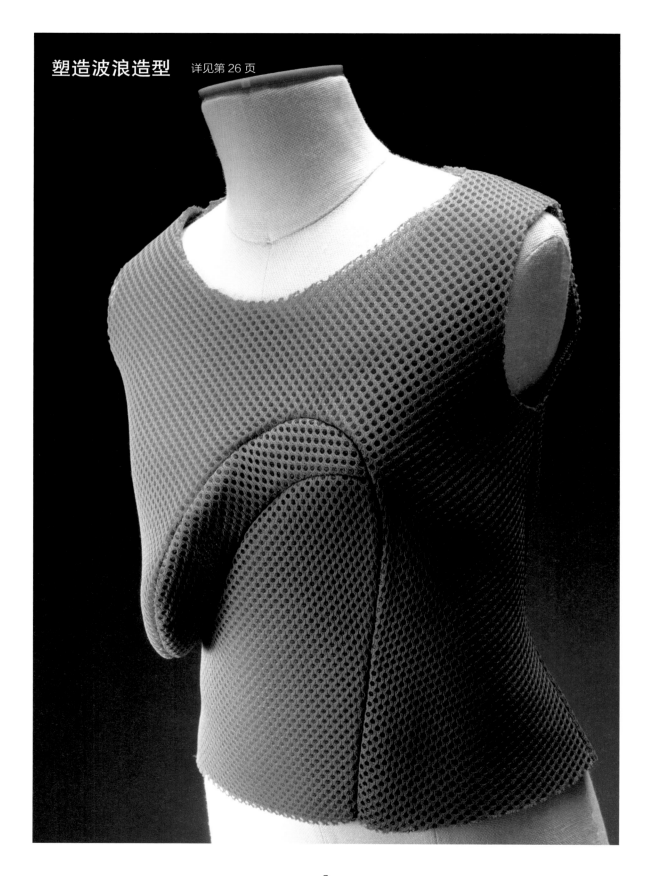

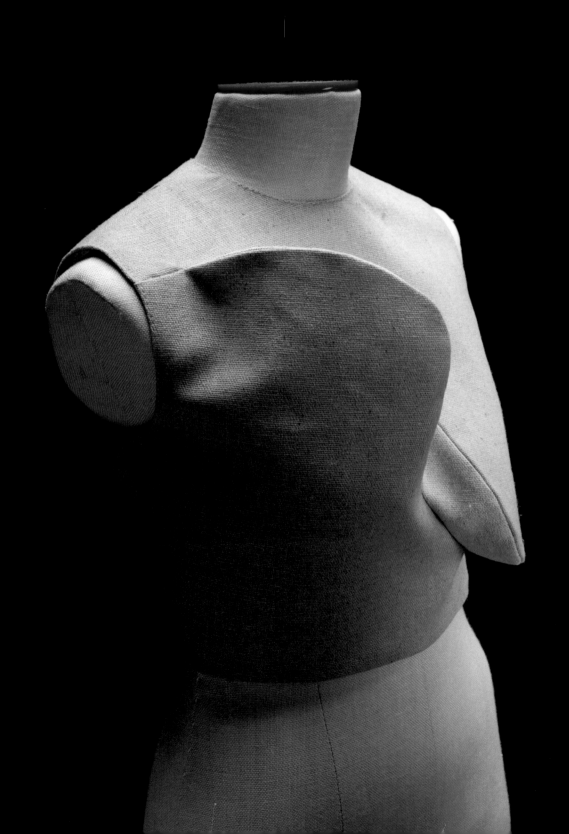

减量与展开　详见第 36 页

减量与展开 详见第37页（左）和第38页（右）

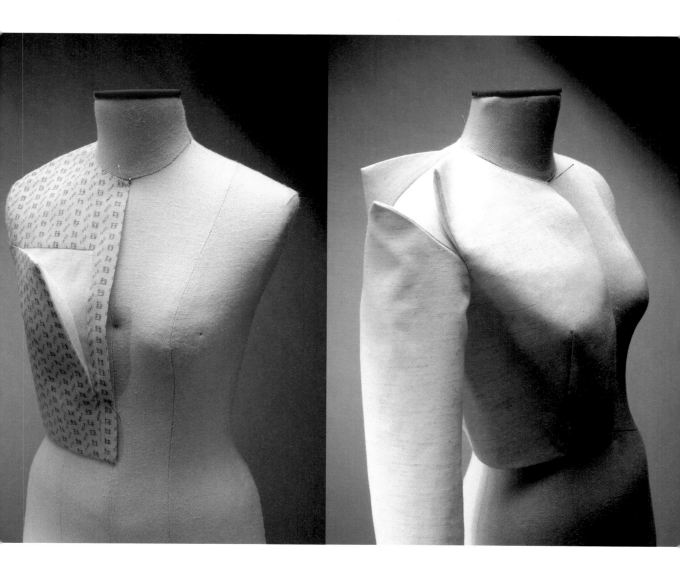

减量与展开　详见第 40 页

减量与展开 详见第 42 页

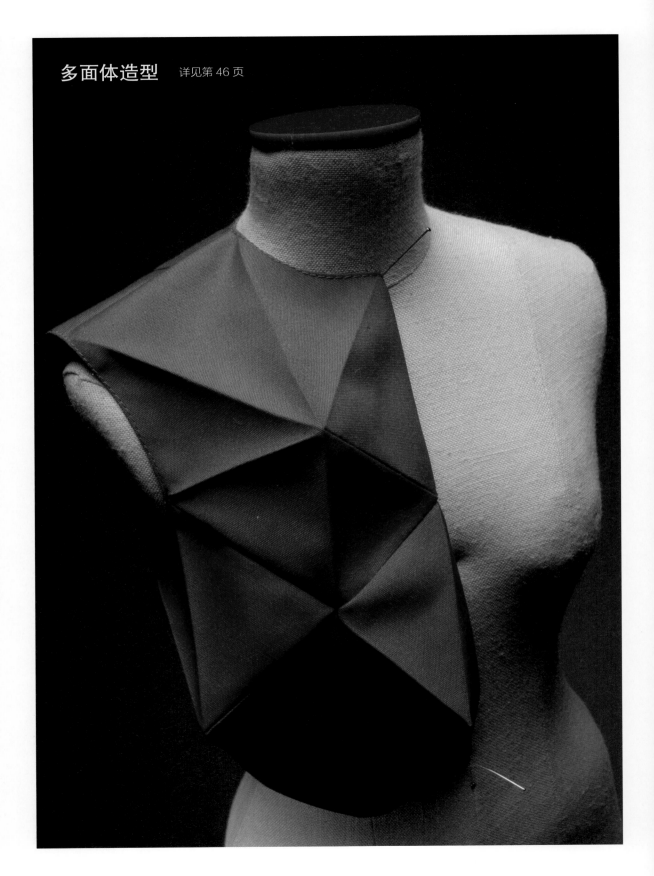

多面体造型　　详见第 46 页

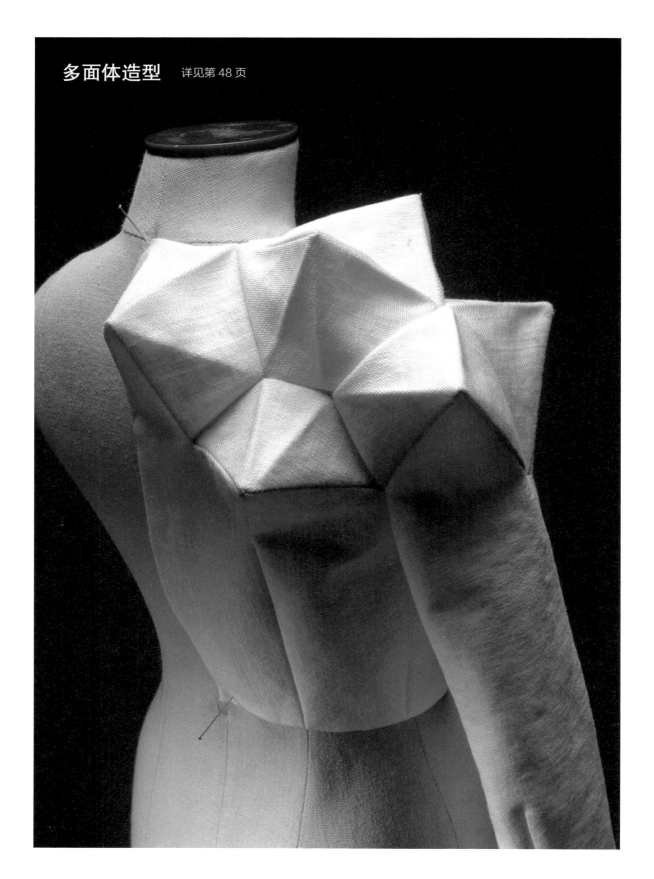

多面体造型 详见第 48 页

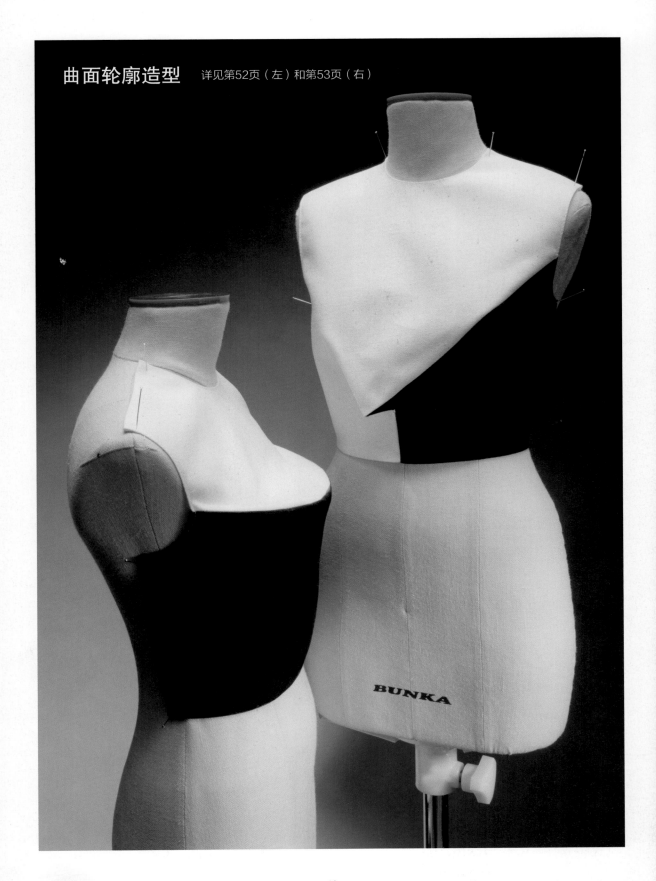

曲面轮廓造型　　详见第52页（左）和第53页（右）

中道友子魔法裁剪

绘制纸样

女装制作的两个主要目标是合体和美观。为此，服装设计永远重要，且永远需要脚踏实地。

表面立体造型

在木制品上用凿子刻痕留下的阴影，就如同水面在阳光照射下形成的漫反射一样，让木制品拥有了一种不同于平面切割的美。尝试在面料上留下"笔触"，就像在木制品上刻意留下刻痕一样。

基本技法

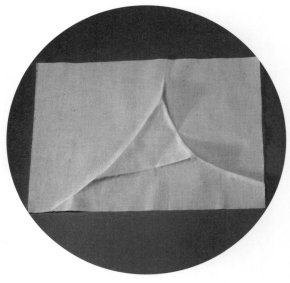

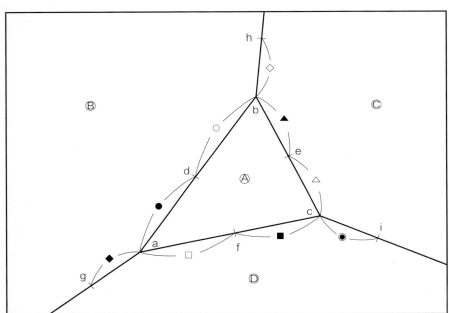

❶ 画出三角形 abc。从点 a、b、c 开始画线，将纸样分为样片Ⓐ、Ⓑ、Ⓒ和Ⓓ。如图画出点 d、e、f、g、h 和 i，并将它们作为面料凸点 a、b、c 的起始点。将点 a 到点 d 的距离记为●，其他距离依次记为○、▲、△、■、□、◆、◇、◉。

18
中道友子魔法裁剪 3

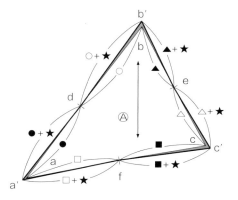

❷ 凸起值记为★。★值越大，凸起越高。首先处理样片Ⓐ。用圆规从点d量取长度（●+★），从点f量取长度（□+★），二者交于点a′。连接点d和点a′、点a′和点f。用同样的方法确定点b′和点c′，并连接。

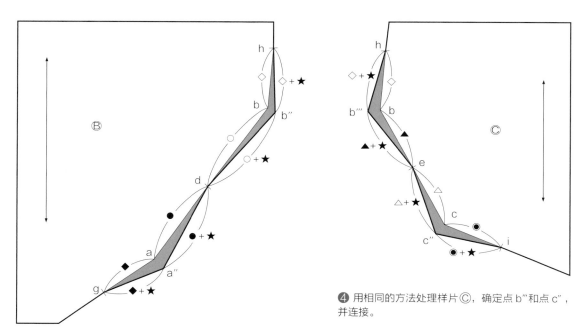

❹ 用相同的方法处理样片Ⓒ，确定点b‴和点c″，并连接。

❸ 用相同的方法处理样片Ⓑ，确定点a″和点b″，并连接。

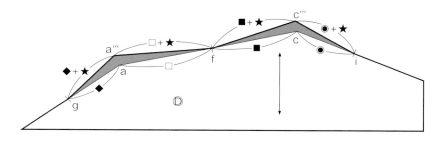

❺ 用相同的方法处理样片Ⓓ，确定点a‴和点c‴，并连接。

塑造鳞片式表面

用宽而圆的凿刀削木头会产生鳞片效果。尝试用面料在整个原型前片衣身上塑造这一造型效果。

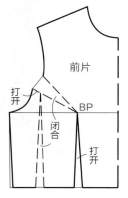

① 闭合胸省和腰省，以 BP 为旋转点打开纸样。

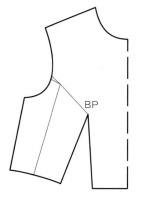

② 部分省道闭合后的前片衣身纸样。

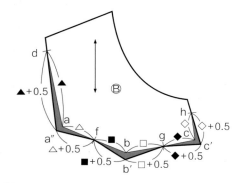

③ 将原型组合后套穿在人台上。画出穿过胸高点（BP）的多边形设计线。

前片

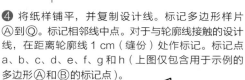

④ 将纸样铺平，并复制设计线。标记多边形样片Ⓐ到Ⓠ。标记相邻线中点。对于与轮廓线接触的设计线，在距离轮廓线 1 cm（缝份）处作标记。标记点 a、b、c、d、e、f、g 和 h（上图仅包含用于示例的多边形Ⓐ和Ⓑ的标记点）。

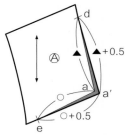

⑤ 处理样片Ⓐ。将点 a 到点 d 的长度记为▲，点 a 到点 e 的长度记为○。用圆规从点 d 量取长度（▲+0.5 cm），从点 e 量取长度（○+0.5 cm），二者交于点 a′。连接点 d、a′ 和 e。

⑥ 处理样片Ⓑ。将点 a 到点 d 的长度记为▲，用相同的方法将其他长度记为△、■、□、◆和◇。同步骤⑤，用圆规确定点 a″、b′ 和 c′。连接点 d、a″、f、b′、g、c′、h。

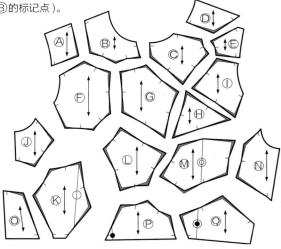

⑦ 用相同的方法处理所有样片。

20
中道友子魔法裁剪 3

塑造悬崖式表面

通过在纸样的锯齿设计线上增加余量，塑造凸起的悬崖式造型效果。

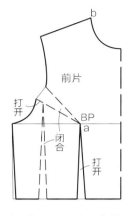 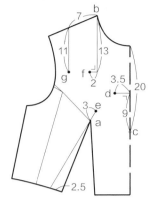 

❶ 按照第 20 页所述方法进行省道转移。标记点 a 和点 b。

❷ 标记凸起点 c、d、e、f 和 g。

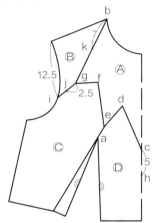

❸ 连接点 c、d、e、f、g 和 b。在袖窿上画出点 i。连接点 i 和点 g。将样片分为Ⓐ、Ⓑ、Ⓒ和Ⓓ。标记点 h、j、k。点 h、a、j 和 k 将是凸起的起始位置。

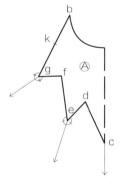

❹ 处理样片Ⓐ。过点 c 作前中线的延长线。过点 e 作∠fed 角平分线的反向延长线，过点 g 作∠kgf 角平分线的反向延长线。

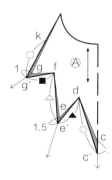

❺ 在点 c、e 和 g 的延长线上，画出点 c′、e′ 和 g′，并连接点 c′ 和点 d、点 e′ 和点 d 及点 f、点 g′ 和点 f 及点 k。将点 c′ 到点 d 的长度记为○，其他长度分别记为▲、△、■和□。

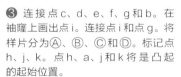
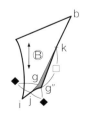

❻ 处理样片Ⓑ。将点 j 到点 g 的长度记为◆。用圆规从点 j 量取长度◆，从点 k 量取长度□，二者交于点 g″。连接点 k、g″ 和 j。

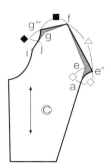

❼ 处理样片Ⓒ。将点 a 到点 e 的长度记为◇。用圆规按照步骤❻的方法确定点 e″ 和点 g‴。连接点 a、e″、f、g‴和 j。

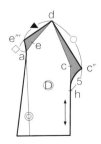

❽ 处理样片Ⓓ。用圆规按照步骤❻的方法确定点 c″ 和点 e‴。连接点 h、c″、d、e‴和 a。缝合样片Ⓐ、Ⓑ、Ⓒ和Ⓓ。

塑造波浪造型

轻柔的涟漪，汹涌的风暴，冲浪者等待的破浪……这里尝试用
纸样表达各种波浪造型。

悬垂波浪造型：基本技法

画两条大波浪形曲线作为设计线，使其中一条呈现悬垂效
果。然后，通过在线条之间加入插片来塑造波浪效果。波浪会根
据观察角度不同而呈现不同的形态。

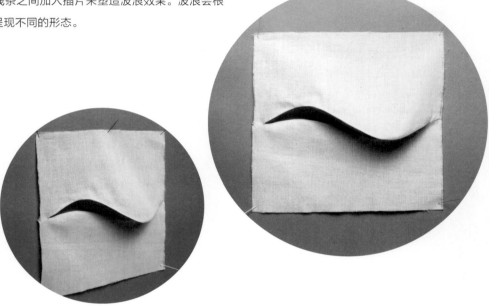

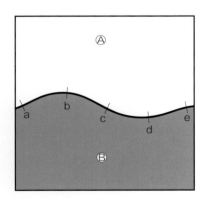

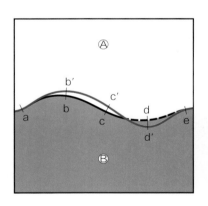

❶ 画一条曲线，将纸样分为波浪样片Ⓐ和波浪样片Ⓑ。标记点 a、b、c、d 和 e，然后在标记点处画出与曲线垂直的标记线。通过调整波浪造型，使样片Ⓐ在点 d 处悬于样片Ⓑ上方。

❷ 样片Ⓐ在点 d 处悬垂在样片Ⓑ上方。测量点 d 处标记线上的悬垂量，记为点 d′。点 d 到点 d′ 的距离越大，悬垂量越大。沿 a—d′—e 画圆顺的曲线（红线），即样片Ⓐ的波浪线。将样片Ⓐ的波浪线与点 b 和点 c 处标记线的交点记为点 b′ 和点 c′。样片Ⓑ的虚线部分将位于样片Ⓐ的下方。

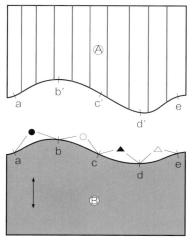

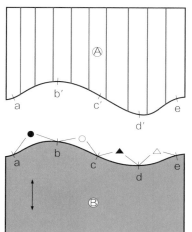

④ 将样片Ⓐ剪切展开，将点a到点b′的长度记为■，其他长度分别记为□、◆和◇。

❸ 在样片Ⓐ上画出剪开线。剪切后展开得越多，波浪越高。在样片Ⓑ上，将点a到点b的长度记为●，将其他长度分别记为○、▲和△。

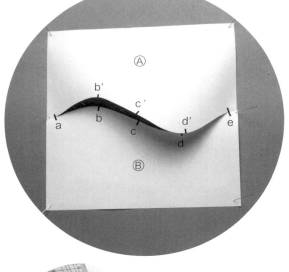

❺ 绘制纸样。插片将放置在点a与点e间展开的区域。为确定插片宽，测量样片Ⓐ和Ⓑ对应标记线间的距离。

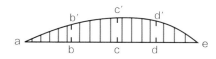

❻ 绘制插片纸样。将标记线之间的长度分别记为◉、◎和⊙。过点a画一条水平线并量取●，得到点b，然后以相同的方法量取○、▲和△，得到点c、d和e。自点b垂直向上量取◉，得到点b′，然后用同样的方法确定点c′和点d′。用圆顺的曲线连接点a、b′、c′、d′和点e。

❼ 画出剪开线。

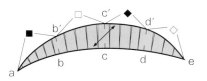

❽ 剪切并展开纸样，直到点a到点b′的长度为步骤❹中测得的■。用同样的方法将剩余部分展到长度□、◆和◇。圆顺地画出轮廓线，纱向为斜向。

汹涌的缠绕式波浪：基本技法

画两条大曲线的设计线，使其上下悬垂。为了表现更汹涌的波浪造型，改变插片的方向使之扭曲。

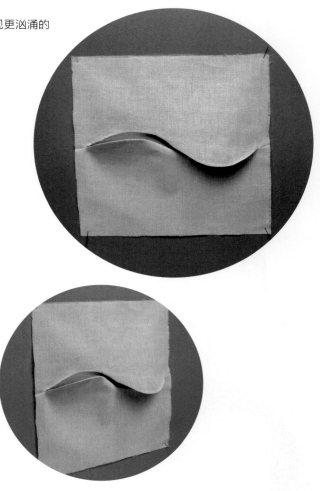

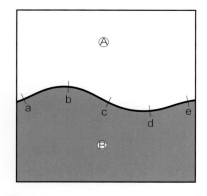

❶ 画一条曲线，将纸样分为波浪样片Ⓐ和波浪样片Ⓑ。标记点a、b、c、d和e，然后在标记点处画出与曲线垂直的标记线。通过调整波浪造型，使样片Ⓑ在点b处悬于样片Ⓐ上方，使点c处出现扭曲，使样片Ⓐ在点d处悬于样片Ⓑ上方。

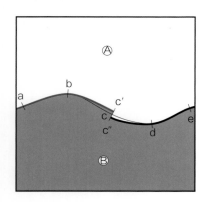

❷ 测量点c标记线上扭曲部分的宽度，记为点c′和点c″。沿a—b—c′画圆顺的曲线（红线），绘制样片Ⓐ的波浪，沿c″—d—e绘制样片Ⓑ的波浪。

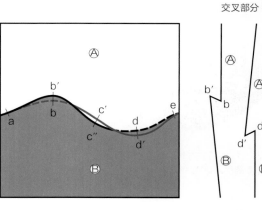

交叉部分

❸ 对于样片Ⓑ的波浪，测量点b处标记线上悬垂量，记为b′。沿a—b′—c″画圆顺的曲线。对于样片Ⓐ，测量点d处标记线上悬垂量，记为d′。沿c′—d′—e画圆顺的曲线（红线）。样片Ⓑ的波浪在点b处悬垂，样片Ⓐ的波浪在点d处悬垂，虚线部分是每个波浪的底层。

24
中道友子魔法裁剪3

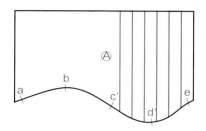

④ 从点 c′到点 e 画出剪开线。面料展开得越大，波浪就越高。

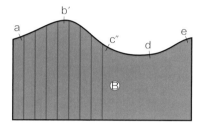

⑥ 在点 a 和点 c″之间画出剪开线。

⑧ 绘制纸样。插片将放置在从点 a 到点 e 展开的区域。为确定插片宽，测量样片Ⓐ和样片Ⓑ对应标记线间的距离。

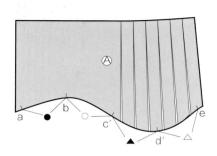

⑤ 切展量根据设计确定。将点 a 到点 b 的长度记为●。将其他长度分别记为○、▲和△。

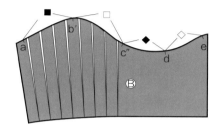

⑦ 剪切并展开。将点 a 到点 b′的长度记为■。将其他长度分别记为□、◆和◇。

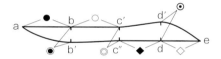

⑨ 绘制插片纸样。将标记线之间的长度记为◉、◎和⊙。过点 a 画一条水平线并量取◉，得到点 b，进而以相同的方法量取◎，得到点 c′。在点 c′正下方取点 c″。过点 c″画一条水平线并量取◆，得到点 d，进而量取◇，得到点 e。在点 b 正下方取◉，得到点 b′。在点 d 正上方量取⊙，得到点 d′。圆顺地连接标记点。

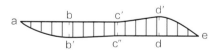

⑩ 画出剪开线。

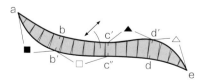

⑪ 剪切并展开纸样，直到点 a 到点 b′的长度为步骤⑦中测得的■。用同样的方法，分别剪切并展开 b′—c″、c′—d′、d′—e 的长度至□、▲和△。圆顺地画出插片轮廓线，纱向为斜向。

悬垂波浪上衣

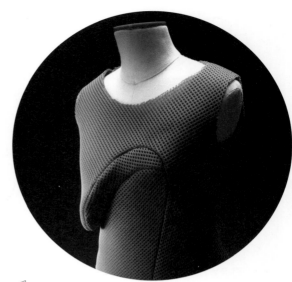

❶ 闭合现有的省道，按红线所示打开一个新的开口，将肩省转移到领口。

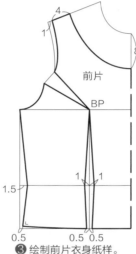

❷ 绘制后片衣身纸样。

❸ 绘制前片衣身纸样。

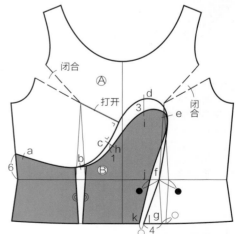

❹ 画出步骤❸中的镜像纸样，得到完整的前片衣身纸样。标记点 a、b、c、d、e、f 和 g。

❺ 标记点 h、i、j、k 和 l。从右边圆顺地连接点 a、b、c、d、e 和 f。从点 b 圆顺地连接点 h、i、e、j 和 k。将纸样分为样片Ⓐ和样片Ⓑ。点 a 和点 e 为插片的止点。

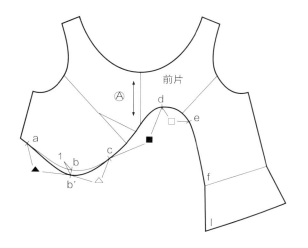

前片

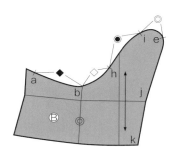

⑥ 从点 b 至点 b′ 为样片 Ⓐ 的波浪悬垂量。样片 Ⓐ 的曲线经过点 a、b′、c、d 和 e。将点 a 到点 b′ 的长度记为 ▲。将其他长度记为 △、■、□。

⑦ 闭合省道，将点 a 到点 b 的长度记为 ◆。将其他长度记为 ◇、◉ 和 ◎。

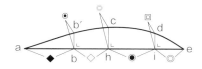

⑨ 绘制插片纸样。将标记线之间的长度记为 ◉、◎ 和 ◎。从点 a 画一条水平线并量取 ◆，得到点 b。以相同的方法确定点 h、i 和 e。在点 b 正上方量取 ◉，得到点 b′。用相同的方法确定点 c 和点 d。用圆顺的曲线连接点 a、b′、c、d 和 e。

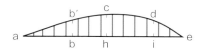

⑩ 画出剪开线。

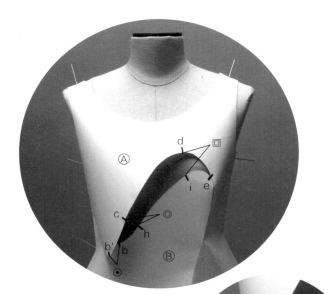

⑧ 绘制衣身纸样，并给人台穿上。插片将放置在从点 a 到点 e 展开的区域（图片上看不到点 a）。为确定插片宽度，测量样片 Ⓐ 和样片 Ⓑ 对应标记线间的距离，例如点 c 和点 h 间的距离。

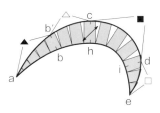

⑪ 剪切并展开纸样，直到点 a 到点 b′ 的长度为步骤⑥中测得的 ▲。用同样的方法，分别切展 b′—c、c—d、d—e 的长度至 △、■、□。圆顺地画出轮廓线，标记纱向为斜向。

汹涌的缠绕式波浪 A

通过闭合袖窿省，并使波浪设计线以相反方向展开，得到相互缠绕于前片衣身中心的连续波浪。这种波浪造型可以展现出更汹涌、更立体的效果。

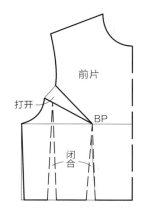

❶ 按照第 20 页和第 26 页所述方法进行省道转移。

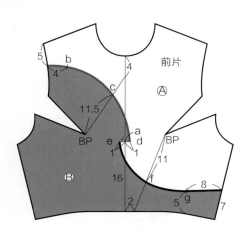

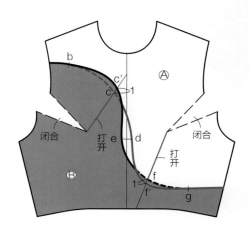

❷ 画出步骤❶中的镜像纸样，得到完整的前片衣身纸样。将纸样分为样片Ⓐ和样片Ⓑ。在前中线距离下摆 16 cm 处确定点 a。在点 a 两侧水平方向 1 cm 处分别确定点 e 和点 d。标记点 b、c、f 和 g。在样片Ⓐ的右袖窿处，沿 b—c—d 画圆顺的波浪线（红线）。在样片Ⓑ上，沿 e—f—g 画圆顺的波浪线，交于衣片左侧。

❸ 测量点 c 和点 f 处的悬垂量，确定点 c′和点 f′。在样片Ⓑ的波浪线上，沿 b—c′—e 画圆顺的曲线。在样片Ⓐ的波浪线上，沿 d—f′—g 画圆顺的曲线（红线）。虚线部分是每个波浪被覆盖的底层。

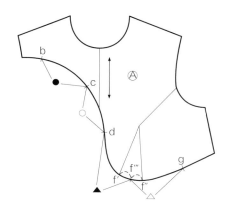

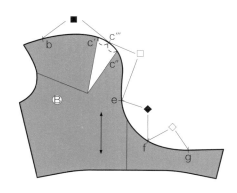

④ 在样片Ⓐ上，闭合袖窿省，并以省尖为旋转点打开纸样，确定点 f″。将 f′—f″ 画圆顺，并将其二等分，中点记为 f‴。将点 b 到点 c 的长度记为●。将其他长度分别记为○、▲、△。

⑤ 在样片Ⓑ上，闭合袖窿省，并以省尖为旋转点打开纸样，确定点 c″。将 c′—c″ 画圆顺，并将其二等分，中点记为 c″。将点 b 到点 c‴的长度记为■。将其他长度分别记为□、◆、◇。

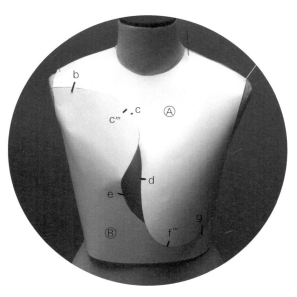

⑥ 绘制衣身纸样，并给人台穿上。插片将放置在从点 b 到点 g 展开的区域。为确定插片宽度，测量样片Ⓐ和样片Ⓑ对应标记线间的距离。

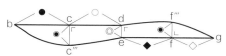

⑦ 绘制插片纸样。将标记线之间的长度记为◉、◎和⊙。从点 b 画一条水平线并量取●，得到点 c，进而以相同的方法量取○，得到点 d。在点 d 的正下方量取◎，得到点 e。从点 e 画一条水平线并量取◆，得到点 f，进而以相同的方法量取◇，得到点 g。在点 c 的正下方量取◉，得到点 c‴。在点 f 的正上方量取⊙，得到点 f″。将标记点圆顺地连接。

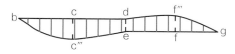

⑧ 画出剪开线。

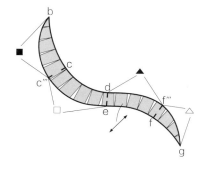

⑨ 剪切并展开纸样，直到点 b 到点 c‴的长度为步骤⑤中测得的■。用同样的方法，分别切展 c‴—e、d—f″及 f″—g 的长度至□、▲和△，标记纱向为斜向。

塑造立体波浪

汹涌的缠绕式波浪 B

利用直线形设计线，使波浪呈现尖角，塑造如同北极冰峰的造型效果。

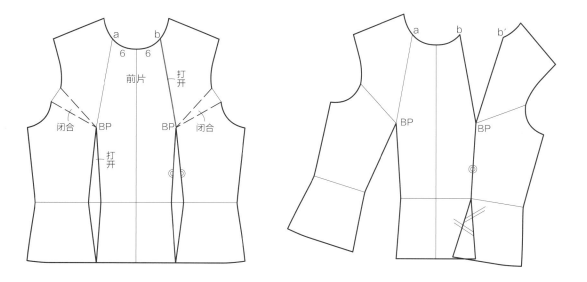

后片　前片

1.5 褶

1.5

8.5　4

1.5　1

BP

腰围到中臀围（腹围）= 18

14

14

18

1.5

0.5　0.5

HL　HL

$\frac{H}{4}+1$

$\frac{H}{4}+2.5$

❶ 绘制前后片衣身纸样。

a　b
6　6
前片
打开
闭合　BP　BP　闭合
打开

a　b　b′
BP　BP

❷ 画出步骤❶中的镜像纸样，得到完整的前片衣身纸样。在领口标记点 a 和点 b，用直线将点 a 和点 b 与对应的胸高点（BP）连接。

❸ 对于右侧衣身纸样，闭合袖窿省，从胸高点（BP）至下摆打开。对于左侧衣身纸样，闭合袖窿省，在点 b 打开，得到点 b′，对齐胸高点（BP）和腰围之间的省道。

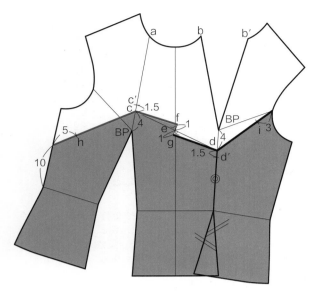

❹ 在右胸点（BP）到点 a 的直线上标记点 c。在左胸高点（BP）到腰围线的直线上标记点 d。连接点 c 和点 d，与前中线交于点 e。过点 e 作 c—d 的垂线。在点 e 上下各 1 cm 处确定点 f 和点 g。标记点 h 和点 i 作为插片止点。在右前片连接 h—c—f（红线）。从左袖窿连接 i—d—g。标记点 c′ 和点 d′ 作为悬垂波浪的深度。

❺ 将纸样分为样片Ⓐ、Ⓑ、Ⓒ和Ⓓ。连接点 h、c、f、d′、i（红线）作为样片Ⓐ的波浪。连接点 i、d、g、c′ 和 h，并得到样片Ⓑ、Ⓒ和Ⓓ。虚线部分为每个波浪的底层。

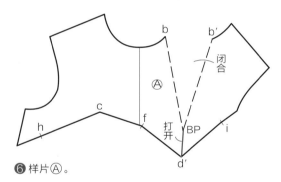

❻ 样片Ⓐ。

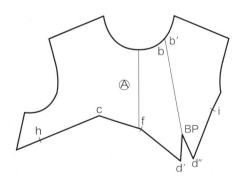

❼ 闭合省道，在点 d′ 处打开，记为 d″。

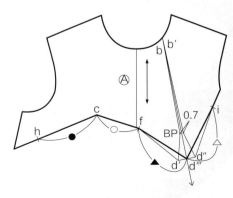

❽ 以点 b 为旋转点，在胸高点（BP）处打开 0.7 cm，画一条连接点 d′ 和点 d″ 的直线，并将其二等分，将中点记为 d‴。连接点 d‴和点 f、点 d‴和点 i。将点 h 到点 c 的长度记为●。将其他长度分别记为○、▲和△。

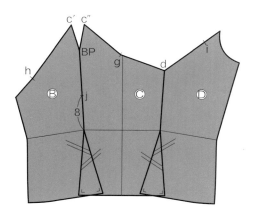
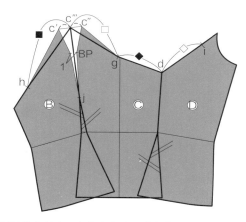

❾ 沿胸高点（BP）到腰围线对齐样片Ⓑ和Ⓒ，标记对位点 j。在点 c′ 处打开，得到点 c″。

❿ 以点 j 为旋转点，在胸高点（BP）处打开 1 cm。连接点 c′ 和 c″，并将其二等分，将中点记为点 c‴。连接点 c‴和点 h、点 c‴和点 g。将点 c‴到点 h 的长度记为■，点 c‴到点 g 的长度记为□。将其他长度分别记为◆和◇。

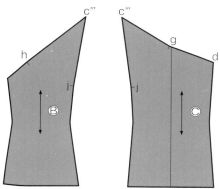

⓫ 在样片Ⓑ、Ⓒ和Ⓓ上标记纱向。

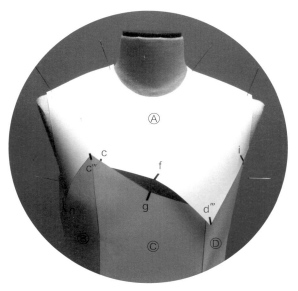

⓬ 绘制纸样，并穿到人台上。插片将放置在从点 h 到点 i 展开的区域。为确定插片宽度，测量对应标记线间的距离。

⓭ 绘制插片纸样。将标记点间的几段长度分别记为⊙、○和回。过点 f 往左画一条水平线并量取○，得到点 c。在点 f 正下方量取⊙，得到点 g。用圆规从点 g 量取长度□，从点 c 量取长度⊙，二者交于点 c‴。连接点 g 和 c‴、点 c 和点 c‴。从点 c 量取长度●，从点 c‴量取长度■，二者交于点 h。连接点 c 和点 h、点 c‴和点 h。从点 g 水平量取◆，记为点 d。从点 f 量取长度▲，从点 d 量取长度回，二者交于点 d‴。连接点 f 和点 d‴、点 d 和点 d‴。从点 d‴量取长度△，从点 d 量取长度◇，二者交于点 i。连接点 d‴和点 i、点 d 和点 i。标记纱向为斜纱。

减量与展开

月满则亏，水满则溢。在一张平铺的纸上开几条缝，然后把它
放在一个三维物体上，这些缝隙就会打开，呈现出立体效果。

基本技法

绘制一个原型纸样，在整个胸部位置做减量处理，使得纸样上形成一些缝隙。把它穿在人台上，整
个胸部纸样因为尺寸不足而展开。打开的位置与缝隙的位置有关，从而可以形成一些有趣的造型。

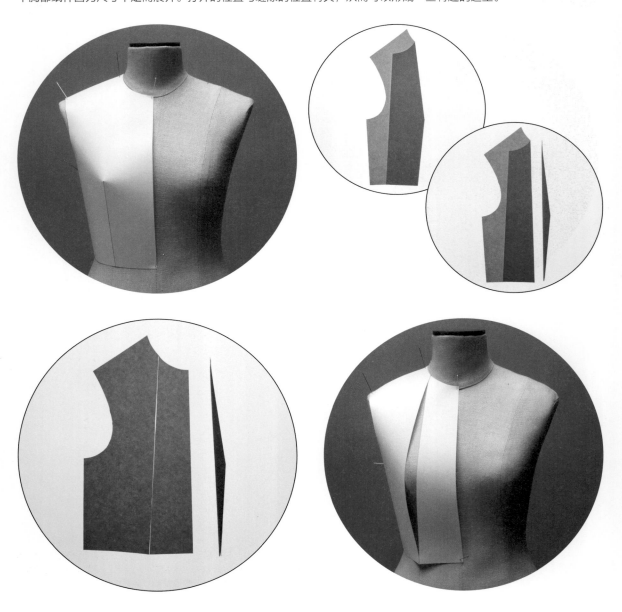

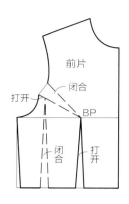 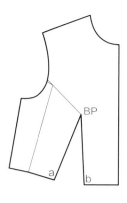 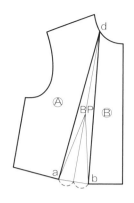 

❶ 按照第20页所述方法进行省道转移。

❷ 标记点a和点b。

❸ 将点a到点b的长度二等分，从二等分点画一条过胸高点（BP）的延长线，与领口相交，交点记为点d。连接点a和点d、点b和点d。将纸样分为衣片Ⓐ和衣片Ⓑ。

❹ 对齐衣片Ⓐ和Ⓑ，塑造胸部丰满程度的量被削减。在点d与点a（b）之间形成一条缝，这样当服装穿在人台上时，尺寸过小的部分就会被打开。

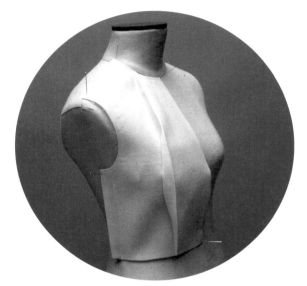

利用尺寸减量所形成的开口，在纵向制作一个曲线褶

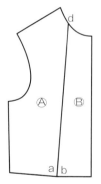

❺ 在衣片Ⓐ上，过点d和点a画一条曲线褶。

❻ 将衣片Ⓐ上的褶翻转，并沿点d到点b复制到衣片Ⓑ上。将衣片Ⓐ和Ⓑ的褶缝合在一起并穿到人台上，尺寸不足的部分会打开，形成一个立体造型。左图展示的是透视状态下的重叠褶。

减量处理胸部丰满度
制作两个纵向曲线褶

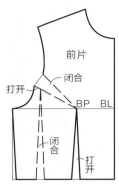

前片
打开
闭合
闭合
打开
BP BL

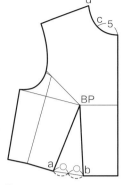

d
c 5
BP
a b

❶ 按照第 20 页所述方法进行省道转移。

❷ 标记点 a、b、c、d。量取○。

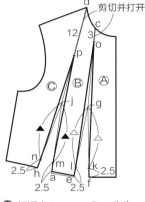

d
c 剪切并打开
12 3 o
p
Ⓒ Ⓑ Ⓐ
j g
▲ ▲ △
n m k
2.5 h a e f 2.5
2.5 2.5

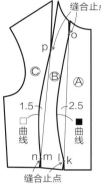

缝合止点
o
p
Ⓒ Ⓑ Ⓐ
1.5 2.5
□曲线 ■曲线
n m l k
缝合止点

❸ 将腰省一分为二。连接点 b 和点 c，与胸围线交于点 g。从点 b 左右量取○/2，分别记为点 e 和点 f。分别连接点 g 和点 e、点 g 和点 f。从点 a 量取○，得到点 h。将 a—h 二等分，中点记为点 i。连接点 d 和点 i，与胸围线（BL）交于点 j。分别连接点 j 和点 h、点 j 和点 a。

对于图③：
d
c
j g BL
h a e f b
i
○/2 ○/2

❹ 标记点 k、n、o 和 p 作为缝合止点。连接点 o 和点 k，将点 g 到点 k 的长度记为△。从点 g 量取△，交 e—g 于点 l。连接点 o 和点 l，将点 j 到点 n 的长度记为▲。以同样的方法确定点 m，分别连接点 p 和点 n、点 p 和点 m。将纸样分成Ⓐ、Ⓑ和Ⓒ。

❺ 分别将 o—k 与 o—l 对齐，p—n 与 p—m 对齐，并画出曲线。将缝合止点到领口和下摆的部分打开。将曲线记为■和□。

❻ 将曲线缝隙打开到缝合止点，把纸样穿到人台上。尺寸过小的部分会打开。

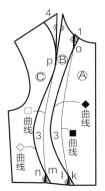

4
o
o
p Ⓑ
Ⓒ Ⓐ
□曲线 ■曲线
3 3 ■曲线
◇曲线 ◆曲线
n m l k

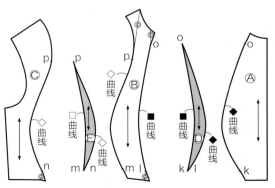

❼ 过缝合止点标记褶，分别记为◆曲线和◇曲线。

❽ 完成的纸样。在内侧，将正面看不见的褶记为Ⓓ和Ⓔ。翻转Ⓓ和Ⓔ并复制。

减量处理胸部丰满度并沿对角线展开

制作 L 形拼缝。

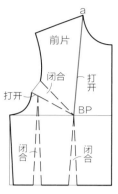

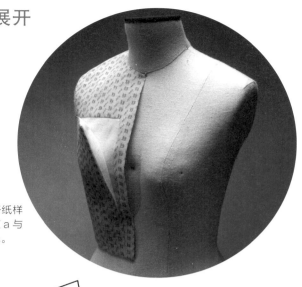

1 闭合现有省道，并按图示打开纸样进行省道转移，确定点 a。连接点 a 与胸高点（BP），并将其作为剪开线。

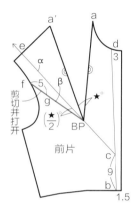

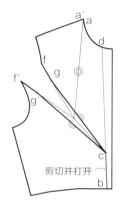

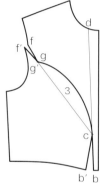

2 闭合省道。点 a 打开至点 a′，将打开的角度记为 ★°。确定点 b、c 和 d。连接点 c 和胸高点（BP）并延长，交肩线于点 e。胸高点（BP）到点 e 的直线记为 α。以 BP 为旋转点，将直线 α 旋转 $\left(\frac{★}{2}\right)°$ 的角，交袖窿于点 f，连接 BP 和点 f，记为直线 β（红线）。在直线 β 上确定点 g。

3 合并点 a 和点 a′，以点 c 为旋转点，打开点 f，得到点 f′ 和点 g′。分别连接点 c 和点 g、点 c 和点 g′。

4 对齐 c—g 和 c—g′。在点 b 处打开，得到点 b′。沿 c—g（g′）画曲线。

5 将纸样穿在人台上，尺寸不足的部分会打开。

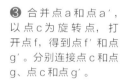

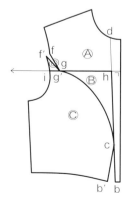

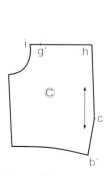

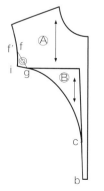

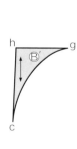

6 过点 g（g′）作前中线的垂线，交前中线和袖窿于点 h 和点 i。将纸样分为样片Ⓐ、Ⓑ和Ⓒ。

7 样片Ⓒ。

8 将 g—f 和 g—f′ 对齐（样片Ⓐ和Ⓑ）。

9 翻转样片Ⓑ，复制并记为Ⓑ′。

减量处理肩部圆度并展开

手臂抬起或放下时，服装的立体感会随之发生改变。

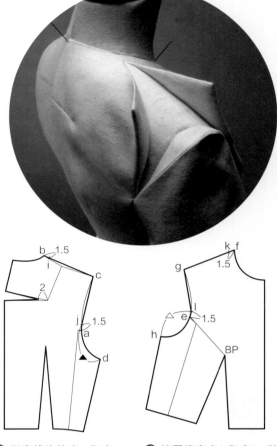

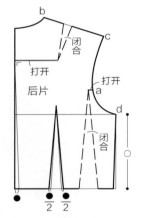

① 闭合现有省道，并按图示打开纸样。标记点 a、b、c 和 d。画出剪开线。

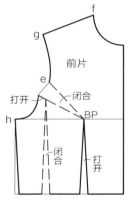

② 按照第 20 页所述方法进行省道转移。标记点 e、f、g 和 h。

③ 以直线连接点 b 和点 c。按图标记点 i 和点 j。以直线连接点 c 和点 j，将点 d 到点 j 的长度记为▲。

④ 按图确定点 k 和点 l，以直线连接点 g 和点 l，将点 h 到点 l 的长度记为△。

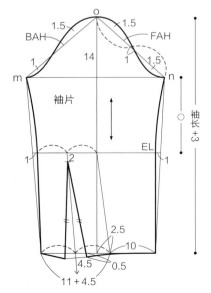

⑤ 绘制袖子纸样。标记点 m、n、o。

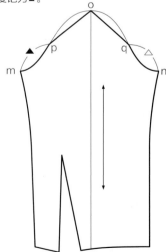

⑥ 从点 m 量取▲，得到点 p。以同样的方法，从点 n 量取△，得到点 q。以直线分别连接点 o 和点 p、点 o 和点 q。

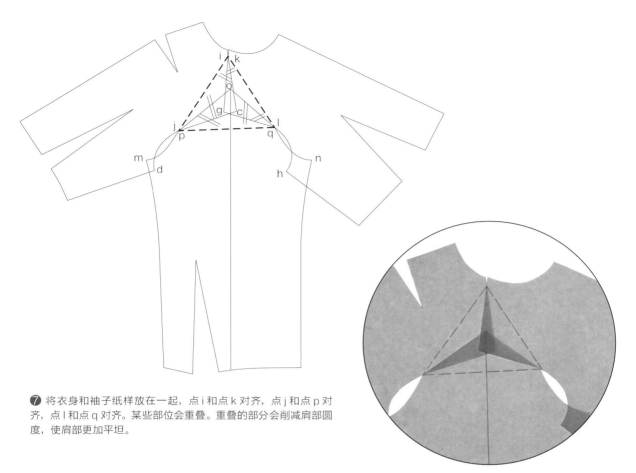

⑦ 将衣身和袖子纸样放在一起，点 i 和点 k 对齐，点 j 和点 p 对齐，点 l 和点 q 对齐。某些部位会重叠。重叠的部分会削减肩部圆度，使肩部更加平坦。

透视下的纸样重叠区。

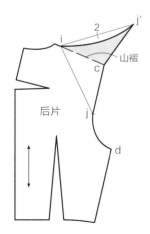

⑧ 以 i—c 为对称轴，作点 j 的对称点 j′。画出曲线 i—j′。直线 i—c 上形成山褶，翻转多边形 ij′c。

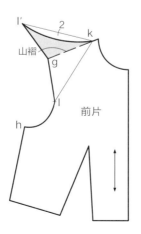

⑨ 用同样的方法确定点 l′。画出曲线 k—l′。直线 k—g 上形成山褶，翻转多边形 kl′g。

⑩ 画出水平翻转的三角形 opq。用曲线连接点 q 和点 p。

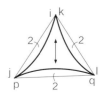

⑪ 用曲线分别连接点 i 和点 j、点 k 和点 l 以及点 p 和点 q。

减量处理胸部丰满度并呈三角形展开

把这样的设计穿在身上，三片风车叶片会呈现出三维立体造型。

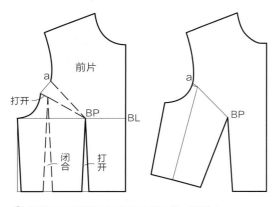

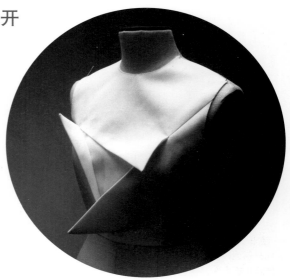

① 按第 20 页所述方法进行省道转移。标记点 a。

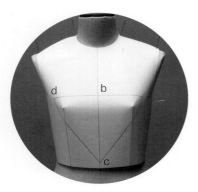

② 组合纸样并穿在人台上。画一个覆盖胸高点（BP）的倒三角形。标记点 b、c、d。

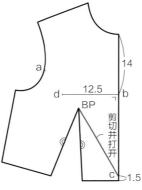

③ 将三角形复制到纸样上。沿 c—BP 画出剪开线并打开。

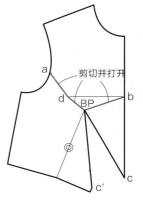

④ 闭合省道并按图所示打开纸样，得到点 c′。沿 a—d—BP 和 b—BP 画出剪开线。

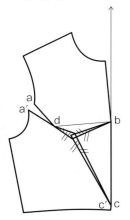

⑤ 对齐点 c 和点 c′，分别以点 d、b、c 和 c′ 作为旋转点，使点 a 和 BP 打开。纸样在 BP 处将出现重叠，点 a 将打开至点 a′。前中仍偏离垂直方向。图片显示了纸样在透视下的重叠部分。

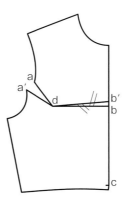

⑥ 为了使点 c 到领口的前中线竖直，以点 d 为旋转点，将点 b 重叠至点 b′。图片显示了纸样在透视下的重叠区域。胸部丰满度被削减。

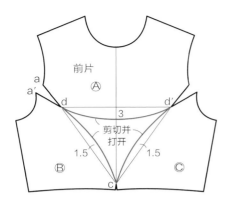

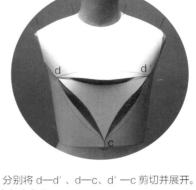

❼ 画出步骤❷ 的镜像纸样，得到完整的前片衣身纸样，用曲线分别连接点 d 和点 d′、点 d 和点 c、点 d′ 和点 c。将纸样分为样片Ⓐ、Ⓑ和Ⓒ。

❽ 分别将 d—d′、d—c、d′—c 剪切并展开。组合纸样并穿在人台上。

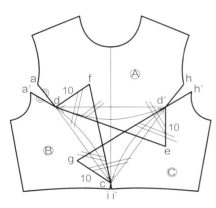

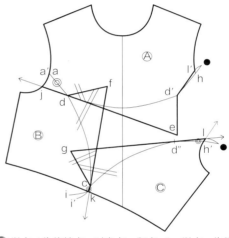

❾ 点 d′ 竖直向下 10 cm 处确定点 e。分别连接点 e 和点 d、点 e 和点 d′。确定点 f 和点 g，分别连接点 d 和点 f、点 f 和点 c、点 g 和点 c 以及点 g 和点 d′。标记点 h、点 h′、点 i 和点 i′。

❿ 以点 d 为旋转点，对齐点 a 和点 a′。以点 c 为旋转点，对齐点 i 和点 i′；将点 d′ 旋转为点 d″。连接点 e 和点 d 并延长，与袖隆交于点 j。连接点 f 和点 c 并延长，与腰围线交于点 k。从左袖隆点 h′ 向肩点方向延长一小段。连接点 g 和点 d″ 并延长，与袖隆交于点 l。将点 h′ 到点 l 的长度记为●。在袖隆上从点 h 朝肩点方向量取●，得到点 l′，连接点 d′ 和点 l′。

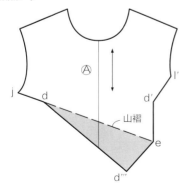

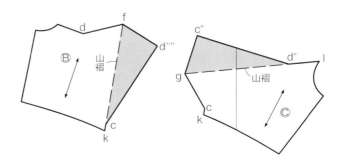

⓫ 绘制纸样。在样片Ⓐ上，以 d—e 为对称轴，找到点 d′ 的对称点 d‴，连接点 d、d‴、e。

⓬ 在样片Ⓑ上，以相同的方法确定点 d‴，连接点 f、d‴、c。在样片Ⓒ上，确定点 c″，连接点 d″、c″、g。

减量处理背部圆度并展开

在背部做出层叠山脉造型。

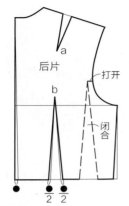

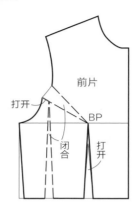

1 按图所示进行省道转移。标记出点 a 和点 b。

2 按照第 20 页所述方法进行省道转移。

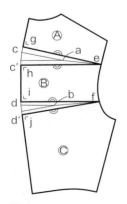

3 画出门襟。

4 从点 a 和点 b 向后中作垂线，得到点 c 和点 d。

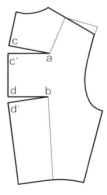

5 以点 a 和点 b 为旋转点，闭合现有省道，在点 c 和点 d 处打开，记为点 c′和点 d′。

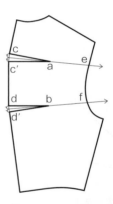

6 将 c—c′二等分，连接二等分点与点 a 并延长，交袖窿于点 e。以相同的方法确定点 f。

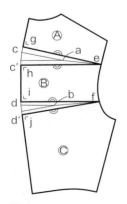

7 过点 e 作后中线的垂线，二者交于点 g。以相同的方法确定点 h、i 和 j。将纸样分成样片Ⓐ、Ⓑ和Ⓒ。

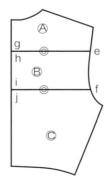

8 拼合样片Ⓐ、Ⓑ和Ⓒ，肩部因圆度被削减而变得平坦。

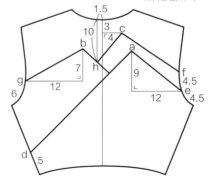

9 画出步骤**8**的镜像纸样，得到完整的后片衣身纸样。画出如图所示的设计线，使山脉交错。重新标记点 a、b、c、d、e、f、g 和 h。

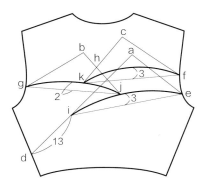

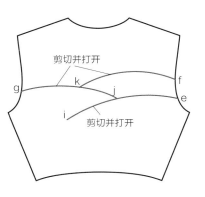

⑩ 在点a和点d之间确定点i。点i为山脉造型的山脚和开口的起点。用曲线连接点i和点e，确定点j。用曲线连接点g和点j，交c—h的延长线于点k。用曲线连接点k和点f。

⑪ 分别将i—e、g—j、k—f作为剪开线。

⑫ 剪切并展开纸样，保持点e、f、g、i、j和k不被剪断。将纸样穿在人台上，尺寸过小的部分会打开。

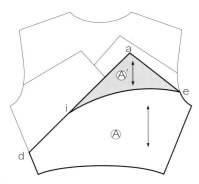

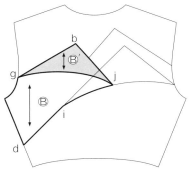

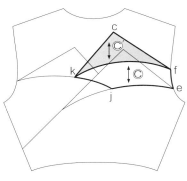

⑬ 绘制纸样。样片Ⓐ是由点d、i、a、e和腰围线围成的区域。样片Ⓐ′是由点i、点a和点e围成的灰色区域，该部分在正面不可见。

⑭ 样片Ⓑ是由点g、b、j、i和d围成的区域。样片Ⓑ′是由点g、b和j围成的灰色区域，该部分在正面不可见。

⑮ 样片Ⓒ是由点k、c、f、e和j围成的区域。Ⓒ′是由点k、c和f围成的灰色区域，该部分在正面不可见。

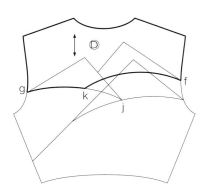

⑯ 样片Ⓓ是由点g、k、f和领口围成的区域。

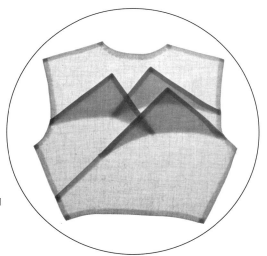

透视下纸样各片的平铺状态。

这里用了第 48 页的多面体造型袖子，整体设计呈现出突刺外观造型。

多面体造型

三角形的加入使服装造型更加立体。由它们的表面围成的凸点形成突刺效果。

基本技法

先用纸做一些三角形金字塔造型，以理解它们的构成原理。构成金字塔底座的三角形是平的，但在绘制服装纸样时要记住，人体上没有平坦的表面。因此，我们要尽可能找人体上相对平坦的部位来放置底座。

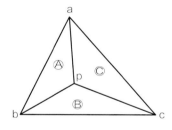

❶ 画出三角形 abc 作为底面。将金字塔的尖点位置记为点 p。纸样分成样片Ⓐ、Ⓑ和Ⓒ。

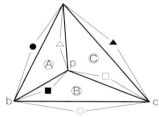

❷ 将点 a 到点 b 的长度记为●，点 b 到点 c 的长度记为○，点 a 到点 c 的长度记为▲，点 p 到点 a 的长度记为△，点 p 到点 b 的长度记为■，点 p 到点 c 的长度记为□。

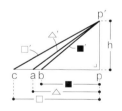

❸ 将点 p 的投影高度记为 h。从点 p 垂直向上量取 h，记为点 p′。在水平线上确定点 a、点 b 和点 c，并将它们分别与点 p′ 连接。长度△、■、□变为△′、■′和□′。

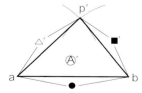

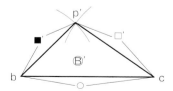

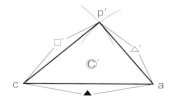

❹ 自点 a 水平量取●，记为点 b。用圆规从点 a 量取长度△′，从点 b 量取长度■′，二者交于点 p′。三角形 p′ab 构成样片Ⓐ′。用同样的方法画出样片Ⓑ′和Ⓒ′。当拼合样片Ⓐ′、Ⓑ′和Ⓒ′时，三角形 abc 中的点 p 就形成点 p′，得到一个高度为 h 的尖顶三角形金字塔。

前片衣身多面体造型

在这个设计中，原型前片衣身被做成多面体的造型，漂亮得像一件艺术品。

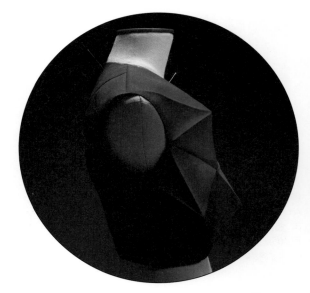

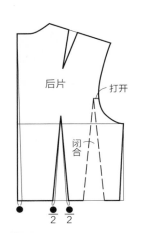

① 按图所示进行省道转移。

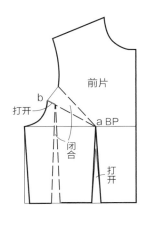

② 按照第 20 页所述方法进行省道转移。标记点 a 和点 b。

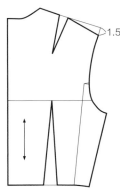

③ 处理后片的肩斜。

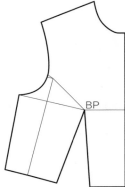

④ 以胸高点（BP）为旋转点将前片纸样打开。

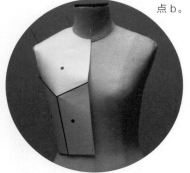

⑤ 将纸样穿在人台上。过胸高点（BP）画线，将纸样分为三个样片。为了确保纸样分割时形成的底座部分尽可能平整，使经过袖窿的分割线穿过点 b，经过腰线的分割线放在纸样省道的位置。在确定前中线的走向以及金字塔尖的走向时，需要考虑纸样的平衡。

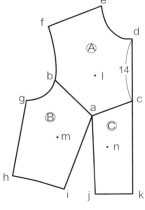

⑥ 复制纸样，添加分割线，将纸样分为样片Ⓐ、Ⓑ和Ⓒ。标记点 c、d、e、f、g、h、i、j 和 k。标记点 l、m 和 n。

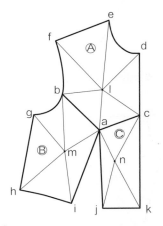

⑦ 从点 l、m 和 n 添加分割线。

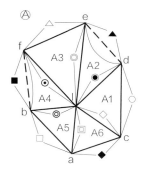

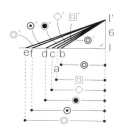

⑧ 将样片Ⓐ做成以点l为尖点的凸起纸样。标记各切割面为A1、A2、A3、A4、A5、A6。用直线连接领口处点e和点d，将两点间距离记为▲。用直线连接袖窿处点b和点f，将两点间距离记为■。将其他距离分别记为○、△、□、◆、◇、⊙、◎、⦿和回。

⑨ 从点l垂直向上量取6 cm，得到点l′。从点l水平量取⦿确定点b，连接点b与点l′。将点l′到点b的距离记为⦿′。用同样的方法确定◇′、⊙′、◎′、⊙′和回。

 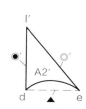 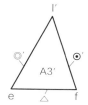

⑩ 处理样片A1。从点c水平量取○，得到点d。用圆规从点c量取长度◇′，从点d量取长度⊙′，二者交于点l′。画出三角形cdl′。A1转化为凸起样片A1′。用同样的方法处理其他样片，画出三角形A2′、A3′、A4′、A5′和A6′。在A2′上，复制从点d到点e的领口弧线。在A4′上，复制从点f到点b的袖窿弧线。

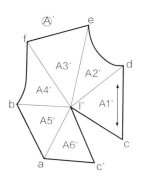

⑪ 将步骤⑩中的样片在点l′处对齐。

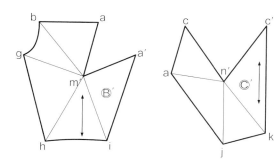

⑫ 用相同的方法将样片Ⓑ和Ⓒ转化为凸起样片Ⓑ′和Ⓒ′。

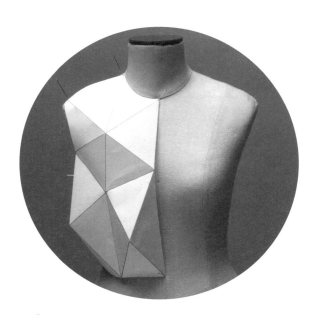

⑬ 拼合纸样并穿在人台上。

多面体袖子

尝试在袖山到肩端区域制作像石英晶体一样的突刺造型。

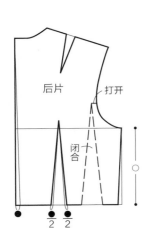
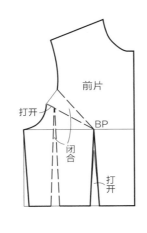

后片　打开
闭合
打开
前片　BP

$\frac{2}{}$　$\frac{2}{}$

① 闭合现有省道，按图所示打开纸样进行省道转移。

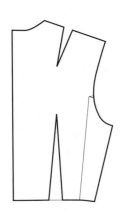

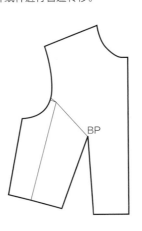

② 闭合后片和前片省道。

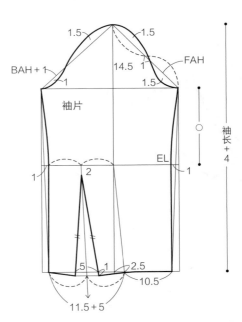

③ 绘制袖子纸样。

1.5　　1.5
BAH + 1　　14.5　1　　FAH
1　　　　　　1.5

袖片

1　　2　　EL　　1

5　1　2.5
10.5
11.5 + 5

袖长 + 4

④ 将纸样像坯布一样拼合，穿在人台上。用标记带标记分割线，但记住以下几点，以确保在划分纸样时形成的底座样片尽可能平坦：

• 确保纸样分割时得到的样片不跨越肩部。

• 确保样片Ⓐ、Ⓑ和Ⓒ的分割线在肩省端点处拼合。

• 不要在袖隆处分割纸样。

• 在袖隆弧线上标记样片Ⓓ和Ⓔ的点。

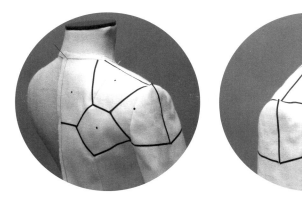

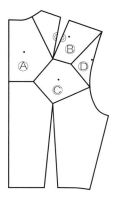
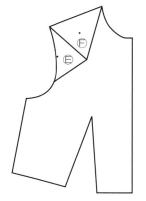

⑤ 将步骤④中确定的分割线和标记点复制到纸样上，记为样片Ⓐ、Ⓑ、Ⓒ、Ⓓ、Ⓔ和Ⓕ。

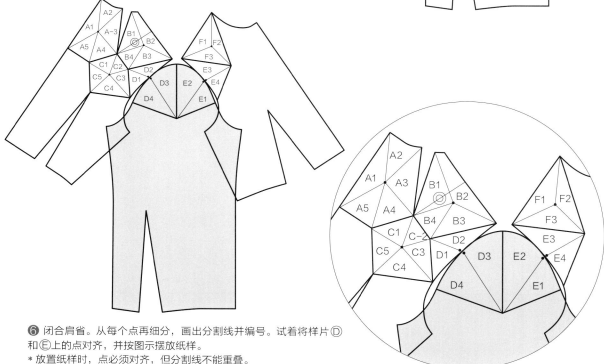

⑥ 闭合肩省。从每个点再细分，画出分割线并编号。试着将样片Ⓓ和Ⓔ上的点对齐，并按图示摆放纸样。

* 放置纸样时，点必须对齐，但分割线不能重叠。

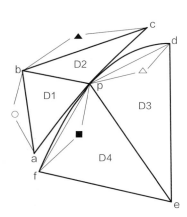

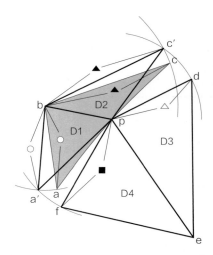

❼ 将样片 ⑩ 做成凸起纸样。将凸点记为点 p。标记点 a、b、c、d、e 和 f。用直线分别连接点 p 和点 d、点 p 和点 f。将点 p 到点 d 的长度记为△。将其他长度分别记为■、▲和○。

❽ 袖山在 p—d、p—c、p—f 及 p—a 之间都有松量，所以这 4 条线段的长度不等。处理纸样 D1 和 D2，使它们的长度相同。用圆规从点 p 量取长度△，从点 b 量取长度▲，二者交于点 c′。用同样的方法确定点 a′。

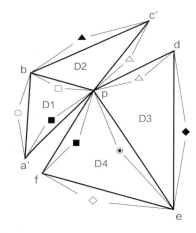

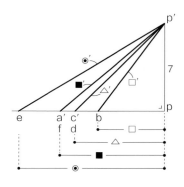

❾ 将点 p 到点 b 的长度记为□，点 p 到点 e 的长度记为◉，点 d 到点 e 的长度记为◆，点 f 到点 e 的长度记为◇。

❿ 尖点高为 7 cm，所以从点 p 垂直向上量取 7 cm 得到点 p′。从点 p 水平量取□，得到点 b，连接点 p′ 和点 b，长度记为□′。以相同的方法确定△′、■′ 和◉′。

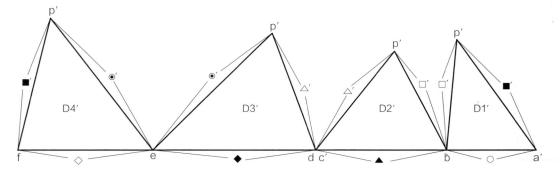

⓫ 从点 f 量取◇，得到点 e。用圆规从点 f 量取长度■′，从点 e 量取长度◉′，二者交于点 p′。画出三角形 p′fe。D4 转化为凸起样片 D4′。用同样的方法处理其他样片，画出三角形 D3′、D2′、D1′。样片 ⑩ 转化为 D4′、D3′、D2′ 和 D1′。

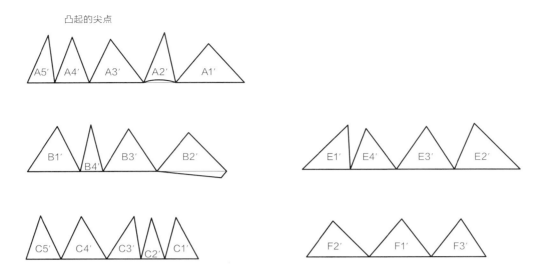

凸起的尖点

⓬ 以相同的方法处理Ⓐ、Ⓑ、Ⓒ、Ⓓ、Ⓔ和Ⓕ，并绘制纸样。

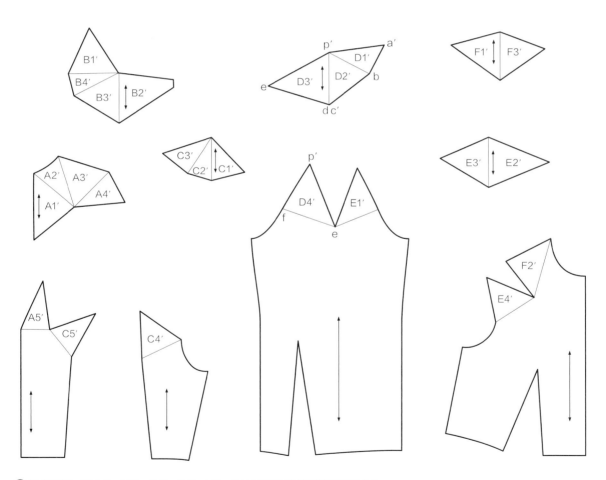

⓭ 拼合纸样。将 A5′、C5′、C4′、D4′、E1′、E4′ 和 F2′ 连接到袖子和衣身上。

曲面轮廓造型

将纸样一分为二，在一半纸样上画上自己喜欢的形状或平面造型，将另一半纸样剪切并展开。

胸围处画弧线

胸部丰满度与弧线紧密贴合，形成清晰的轮廓。

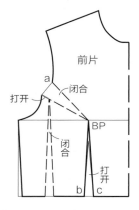

❶ 按照第 20 页所述方法进行省道转移。标记点 a、b 和 c。

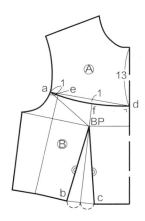

❷ 在前中线确定点 d。用曲线连接点 a 和点 d。在曲线上确定点 e。b—c 中点与胸高点（BP）连接并延长，交曲线 a—d 于点 f。纸样被分成样片Ⓐ和Ⓑ。

❸ 在样片Ⓐ上，从点 e 画一条与前中线相交的弧线。在前中线上自点 d 向下 5 cm 处确定点 g。用弧线连接点 e 和点 g。将 e—g 长度记为●。

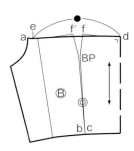

❹ 在样片Ⓑ上，对齐点 b 和点 c，上端打开直到点 e 到点 d 的距离为●。圆顺地连接点 e 和点 d。如果●太小，纸样会在胸高点（BP）重合，且当纸样在 e—d 处打开时，胸围处的宽度会不够。如果发生此类情况，在样片Ⓐ上加大弧线 e—d 的长度。

前中有小凸起的表面

这是一件非常有趣的作品，有如同鸟嘴般凸起的造型。

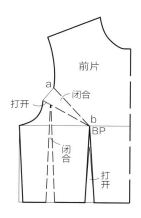

① 按照第 20 页所述方法进行省道转移。标记点 a 和点 b。

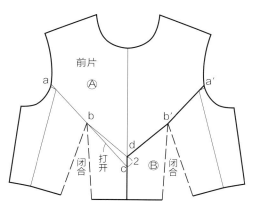

② 画出步骤 ① 中的镜像纸样，得到完整的前片衣身纸样。标记点 a′ 和点 b′。延长 a—b 交前中线于点 c。在前中线上自点 c 向上 2 cm 处确定点 d。纸样被分成样片 Ⓐ 和 Ⓑ。

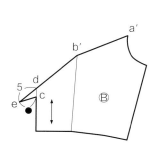

③ 在 b′—d 的延长线上量取 5 cm 确定点 e。连接点 e 和点 c。将 e—c 的长度记为 ●。

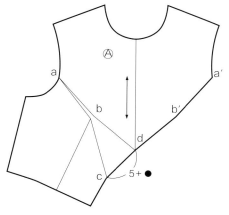

④ 以点 a 为旋转点打开纸样，直到点 d 到点 c 的距离为 5 cm+ ●。连接点 d 和点 c。

中道友子魔法裁剪

第二部分
面料的动态效果

　　这种设计将我们带回到古罗马时代，当时人类身着仅用一块面料缠裹身体的宽袍。能想象到，在召见臣民的前一晚，皇帝会站在镜子前反复查看整体造型并抚平袍上的褶皱。皇帝穿着的服装如同他们的演讲内容一样，有着彰显权力和鼓舞人民的力量。

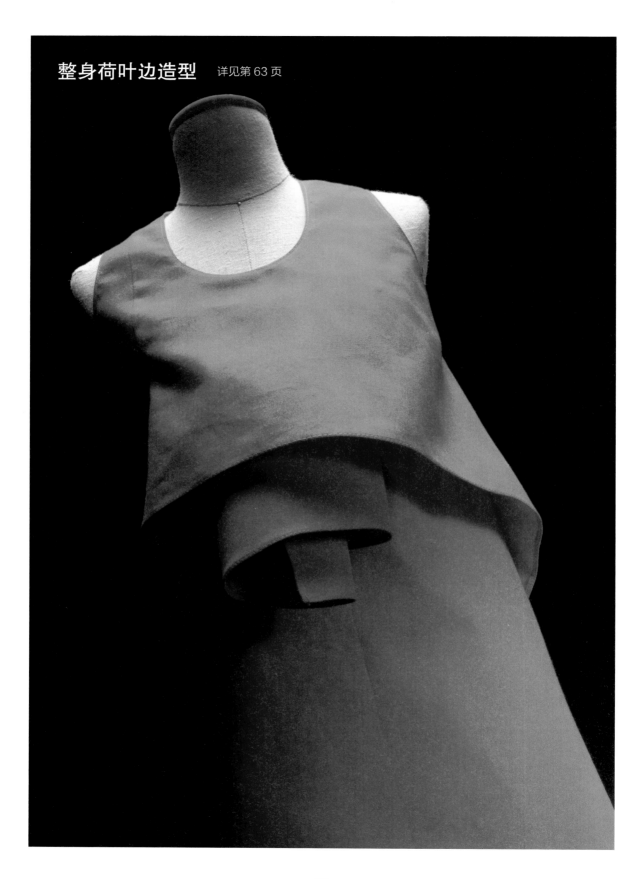

整身荷叶边造型　详见第63页

背包造型　详见第 70 页

背包造型 详见第 74 页（左）和第 76 页（右）

弹力抽褶　详见第 81 页

锯齿造型　详见第 85 页

锯齿造型　详见第 88 页（右）和第 90 页（左）

中道友子魔法裁剪

绘制纸样

希望本书介绍的纸样绘制方法，能在你将效果图转换为服装廓形或者设计细节时有所帮助。同时，你将从本书中获取一些灵感，并能找到可以为己所用的新方法。

整身荷叶边造型

尝试沿着圆柱的宽度方向对其进行垂直裁剪，开口会形成一个圆。如果倾斜裁剪，圆柱会倒向一侧，开口会形成一个椭圆。倾斜角度越大，圆柱倾斜得越多，则开口形成的椭圆越长。那么对于开口大小相同的圆，调整圆柱的倾斜度，纸样会发生怎样的变化？

基本技法

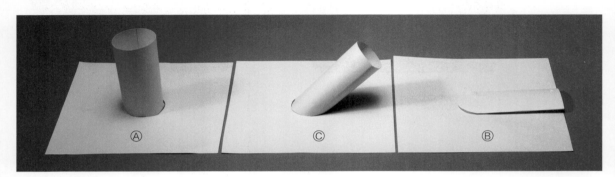

❶ 在底布上画一个以 a 为圆心、以 r 为半径的圆。

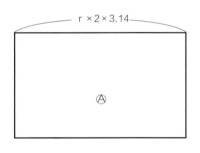

❷ Ⓐ是圆柱垂直放置的情况。展开后形成一个长方形纸样，其横边长是半径为 r 的圆的周长（r×2×3.14）。

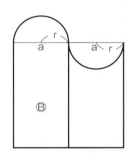

❸ 对于Ⓑ，保持开口是圆，使圆柱倾斜直到放平。纸样上形成一个半圆状山峰和山谷。

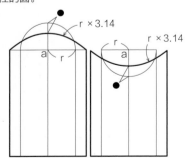

❹ 对于Ⓒ，开口长度保持不变（同半径为 r 的圆的周长），圆柱呈 45° 倾斜。将圆柱从直立状态转换到水平状态时，纸样结构从Ⓐ变为Ⓑ。纸样中的直线变化为半圆，就像月亮的盈亏。倾斜角度越大，其形状越接近半圆。绘制纸样Ⓒ。分别复制步骤❸中的山峰和山谷。将山峰高度降低●，则峰高为（r−●），弧长为（r×3.14）。用同样的方法使谷底上抬●，山谷弧长为（r×3.14）。

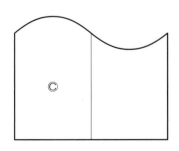

❺ 连接山峰和山谷部分，得到完成的纸样。

通过制作微型纸样，找出●与圆柱倾斜角度之间的关系，得出以下结论：
倾斜角度为 75° 时，●为 3r/4；倾斜角度为 60° 时，●为 r/2；倾斜角度为 40° 时，●为 r/4。

螺旋荷叶边

　　下面制作一个带有倾斜角度的立体螺旋荷叶边。这个像花儿一般美丽的螺旋荷叶边由野村文惠（Fumie Nomura）设计。

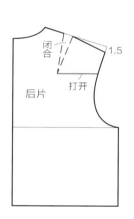

闭合

打开

后片

1.5

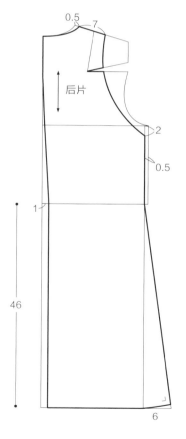

0.5　7

后片

2

0.5

46

1

6

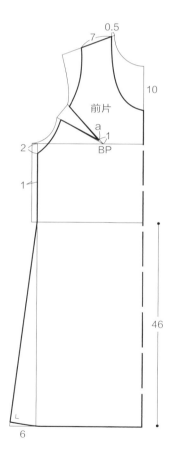

7　0.5

前片

10

a　1

BP

2

1

46

6

❶ 将肩省转移到袖窿。

❷ 绘制后片衣身纸样。

❸ 绘制前片衣身纸样。胸高点（BP）回退 1 cm 到点 a。

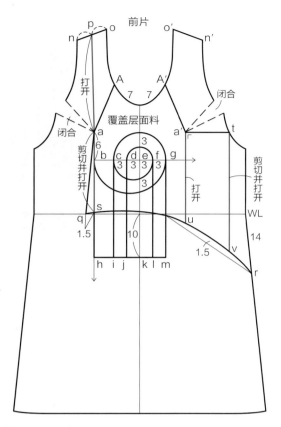

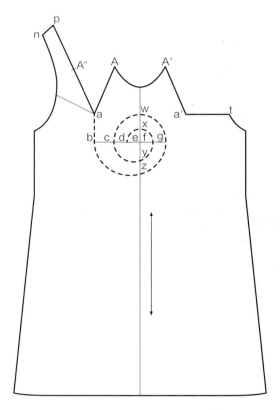

④ 画出步骤③中的镜像纸样，得到完整的衣身纸样。作点 a 的对称点 a′。在领口确定点 A 和点 A′。画螺旋线。在点 a 正下方 6 cm 处确定点 b，基于点 b 在水平方向确定点 c、d、e、f 和 g。从点 b、c、d、e、f、g 垂直向下确定点 h、i、j、k、l、m。画覆盖层面料的造型线。在肩线上确定点 n、o、p。在腰围线上确定点 q。在左侧缝线上确定点 r。沿着点 q 和点 r 圆顺地画出覆盖层面料的下摆线。下摆和垂直线 a—h 交于点 s。过点 a′ 画水平线交袖隆于点 t。从点 a′ 画垂直线交下摆线于点 u。从点 t 画垂直线交下摆线于点 v。

⑤ 复制除了覆盖层面料部分外的衣身部分。用虚线画出螺旋线，并标记出螺旋线与前中线的交点 w、x、y 和 z。闭合袖隆省，点 A 旋转至点 A″。

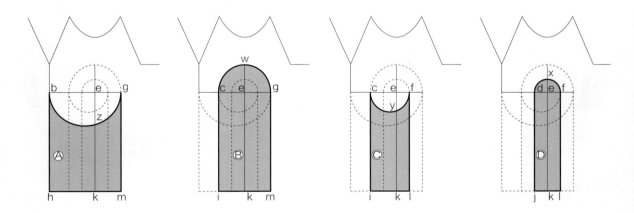

⑥ 画出覆盖层面料的纸样。分别画出荷叶边的四部分样片Ⓐ、Ⓑ、Ⓒ和Ⓓ。

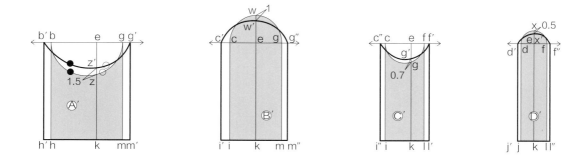

❼ 复制样片Ⓐ。将点 b 到点 z 之间的曲线长度标记为●，点 g 到点 z 之间的曲线长度标记为〇。点 z 垂直向上 1.5 cm 确定点 z′。基于点 e 向左右两边画水平延长线。在点 e 的水平线上确定点 b′，使 b′—z′ 的曲线长度为●。点 b′ 垂直向下确定点 h′。用同样的方法得到点 g′ 和点 m′。这是样片Ⓐ′ 的形成过程。用同样的方法绘制样片Ⓑ′、Ⓒ′ 和Ⓓ′。

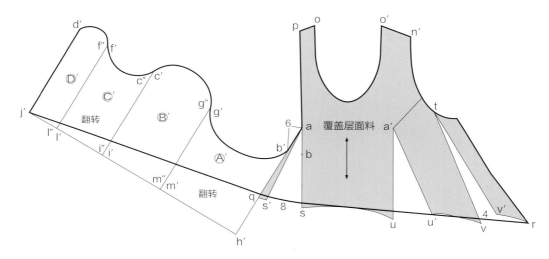

❽ 以点 a′ 为旋转点，闭合袖窿省，在点 u 处打开，确定点 u′。以点 t 为旋转点，在点 v 处打开，得到点 v′。以点 a 为旋转点，在点 s 处打开，得到点 s′。翻转Ⓐ′ 和Ⓒ′，拼合Ⓐ′、Ⓑ′、Ⓒ′ 和Ⓓ′，并复制纸样。沿点 j′ 和点 r 圆顺地画出覆盖层面料的下摆线。

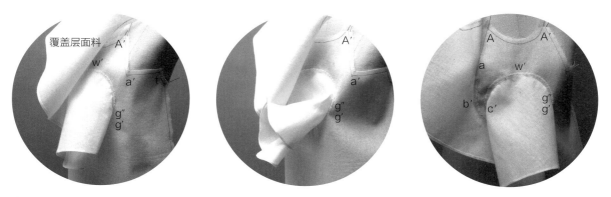

❾ 螺旋形的缝纫指导及建议。
从点 d′ 开始缝纫。在缝份上打剪口，并将缝份倒向外侧。整个螺旋造型的缝合很难一次性成功，所以可以将其分为几个部分来完成，并保持耐心。当缝到点 g 时，将缝份倒向内侧，这样从正面看不到缝份，然后从点 b′ 缝合到点 a′。保持 A′ —a′ —t 部分（袖窿）不固定。将 A—A′ 部分与领口缝合。将点 t 到袖底的部分与袖窿缝合。

整身荷叶边造型

盘山式荷叶边

　　尝试在衣身上画一条波浪线，并在上面缝上荷叶边。倾斜的荷叶边会给服装增加立体感。如果缝上一片矩形的荷叶边，它会直立起来。为了使其平铺，需将波浪线和身体曲度相匹配。为了给荷叶边增加富余量并赋予它立体丰满的造型，只需使纸样上的线比衣身部分的曲线平直。

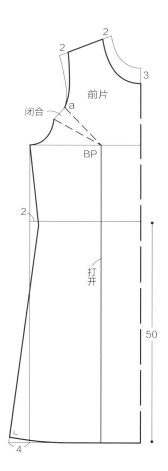

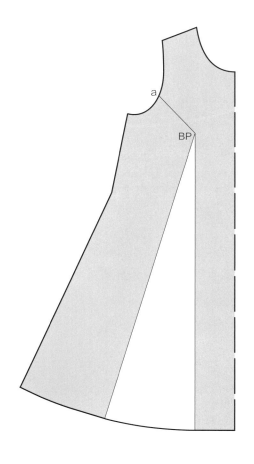

❶ 绘制前片衣身纸样，并标记点 a。　　❷ 闭合袖窿省，将省量转至下摆处，打开下摆。

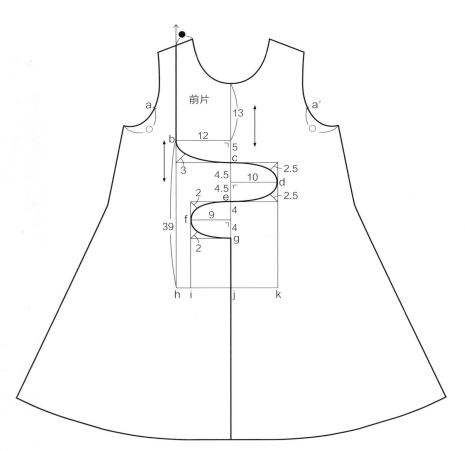

❸ 画出步骤 **❷** 中的镜像纸样，得到完整的衣身纸样。画一条波浪线，标记点 b、c、d、f、g。分别从点 b、c、d、f、g 向下画垂直线得到点 h、i、j、k。从点 b 垂直向上画线与肩线相交，测得●。将袖窿底到点 a 的长度记为○，在左袖窿底量取○确定点 a′。

❹ 绘制覆盖层面料的纸样。在左肩线量取●确定点 p。从点 p 向下垂直画出剪开线。从点 a′画一条垂直于覆盖层下摆线的剪开线。标记点 l、m、n 和 o。

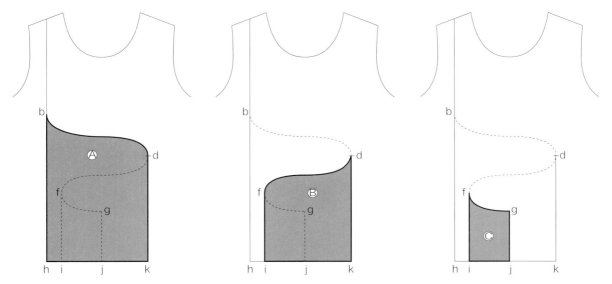

❺ 分别画出Ⓐ、Ⓑ和Ⓒ部分的荷叶边。

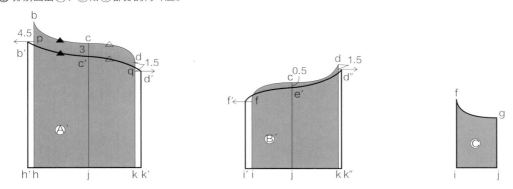

❻ 减小样片Ⓐ上荷叶边的倾斜度，使荷叶边立起来。在点 c 正下方 3 cm 处确定点 c′。将 b—c 长度记为▲，c—d 长度记为△。在点 b 正下方 4.5 cm 处确定点 p。过点 p 画水平线，在水平线上取点 b′，使 c′—b′ 长度为▲。在点 b′ 正下方确定点 h′。在点 d 正下方 1.5 cm 处确定点 q。过点 q 画水平线，在水平线上取点 d′，使 c′—d′ 长度为△。在点 d′ 正下方确定点 k′。将 b′—c′—d′—k′—h′ 构成的样片称为样片Ⓐ′。用相同的方法绘制样片Ⓑ′。对样片Ⓒ不做进一步修改。

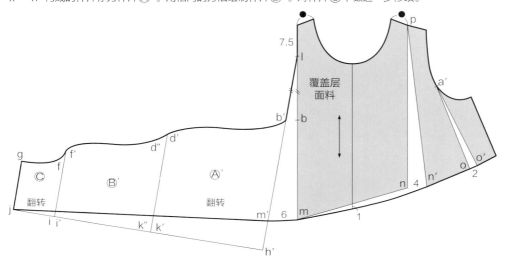

❼ 将点 l、p 和 a′ 作为旋转点，剪切并打开 l—m、p—n、a′—o，确定 m′、n′ 和 o′。翻转样片Ⓐ′ 和Ⓒ，连接Ⓐ′、Ⓑ′和Ⓒ并复制。圆顺地画出覆盖层面料的下摆线 j—o′。

背包造型

将单肩包与连衣裙组合，可以使一件简单的服装变得更有魅力。

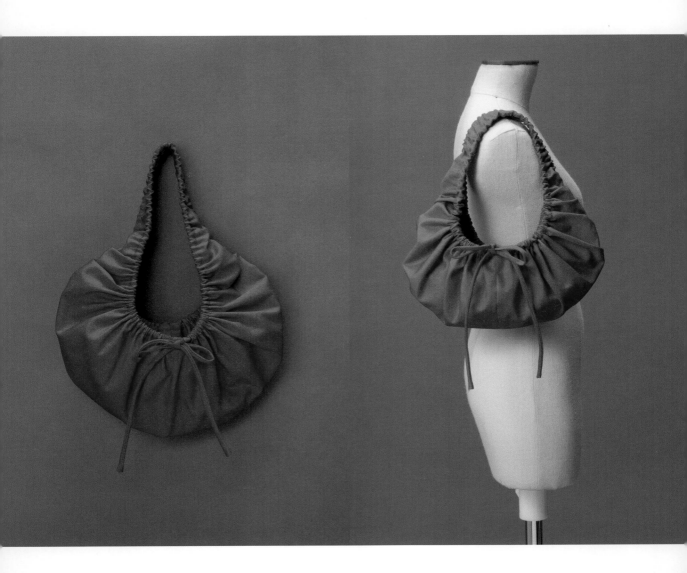

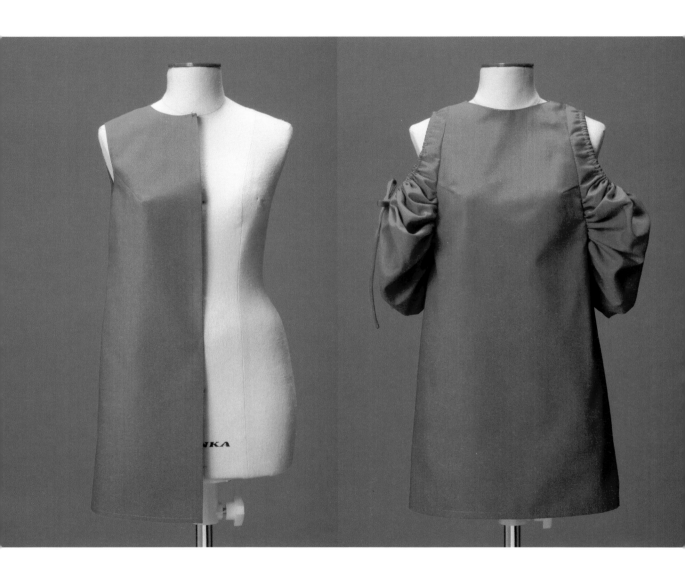

单肩包造型

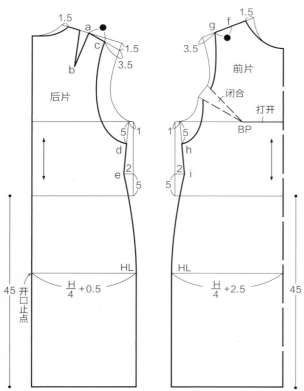

❶ 绘制连衣裙纸样。量取●。确定点 a、b、c、d、e、f、g、h 和 i。

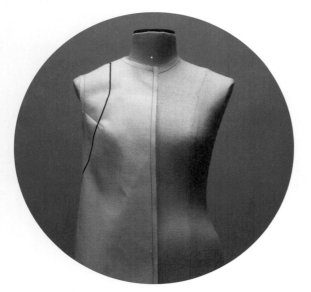

❷ 将连衣裙缝合并穿在人台上。用标记带标记单肩包的位置，使这条线穿过点 a、b、e、i 和 f。

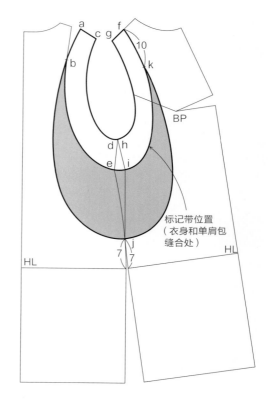

标记带位置
（衣身和单肩包缝合处）

❸ 按图所示对齐前片和后片纸样，臀围线向上 7 cm 处标记点 j。对齐 d—j 和 h—j，复制单肩包部分。曲线 c—d 和 h—g 构成单肩包的开口部分。将标记带所标记的位置转移到纸样上。用圆顺的曲线连接点 a、b、e、i 和 f，在此处将衣身和单肩包缝合。确定点 k，画出曲线 b—j—k。曲线 b—j—k 是单肩包的最终轮廓造型。由 b—e—i—k—j 构成的灰色部分是单肩包与衣身连接的一侧，在正面看不见。

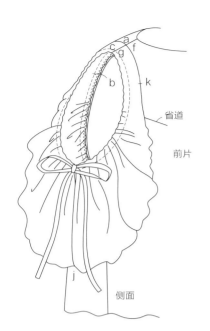

❹ 最终单肩包的造型效果。

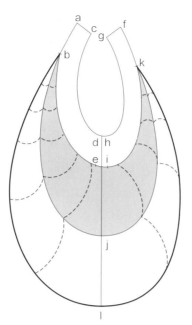

❺ 绘制单肩包的纸样。基于 b—j—k 将灰色部分放射延展，圆顺地画出轮廓线。

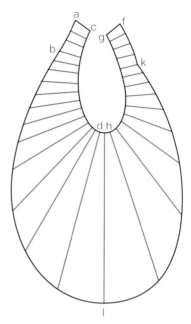

❻ 画出放射展开线。

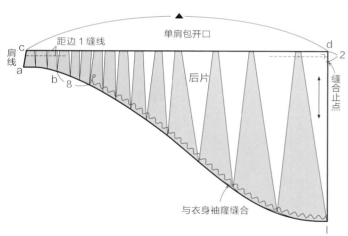

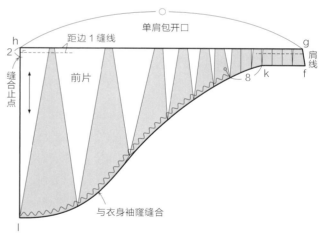

❼ 对于单肩包开口，剪切并打开，使 c—d 和 g—h 水平。从 c—d 和 h—g 距边 1 cm 处翻折，缝 1 cm 的明线线迹制作抽绳通道。将 a—b—l—k—f 与衣身缝合。

❽ 绘制抽绳纸样。
* 系抽绳时，通过将面料拉在一起增加底部褶量来得到更好的效果。

袖子包袋造型

这个设计是包袋和袖子的组合。将包袋开口做得像袖口，并将其朝向前方，呈现花朵向阳而生的造型效果。

❶ 按照第 20 页所述方法进行省道转移。

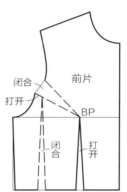

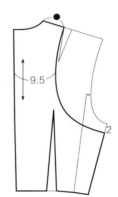

❷ 闭合省道，画出袖窿。

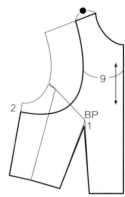

❸ 最终袖子的造型效果。袖子由Ⓐ和Ⓑ两部分组成，Ⓐ是包含袖口的部分，Ⓑ是靠近衣身的部分。

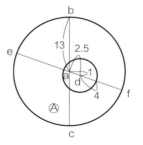

❹ 绘制Ⓐ的纸样。以点 a 为圆心，以 13 cm 为半径画圆。在圆弧上确定点 b 和点 c。袖口朝向前方。从点 a 水平量取 2.5 cm，然后垂直向下量取 1 cm，确定点 d 作为袖口圆心。以点 d 为圆心，以 4 cm 为半径画圆。这个圆为袖口。延长 a—d，在以点 a 为圆心的圆上交于点 e 和点 f。袖子饱满的一边为点 e，另一边为点 f。

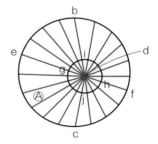

❺ 基于点 d 画放射状展开线。在袖口上确定点 g、h、i、j。

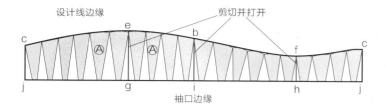

设计线边缘　　　　　　剪切并打开

袖口边缘

❻ 沿着 c—j 剪切并打开，使Ⓐ部分的袖口保持水平。画出新加的剪开线。

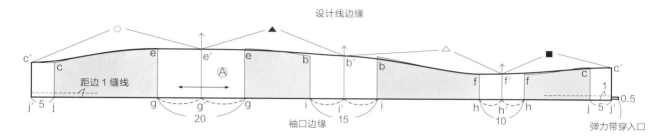

❼ 剪切打开时，通过权衡打褶的效果来确定剪开线的数量。在袖口边缘确定点 j′、g′、i′、h′。在设计线边缘确定点 c′、e′、b′、f′。将 c′—e′ 长度记为○，e′—b′ 长度记为▲，b′—f′ 长度记为△，f′—c′ 长度记为■。在袖口边缘标记出穿弹力带的通道入口。根据上臂静止时的状态确定弹力带的长度。

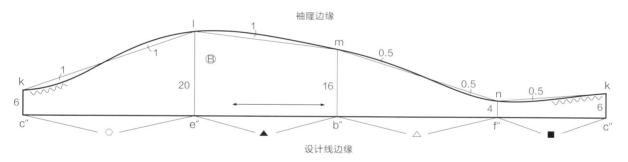

❽ 绘制Ⓑ的纸样。画一条水平线作为设计线。在水平线上确定点 c″。量取○，确定点 e″。用相同的方法确定点 b″、f″、c″，并垂直向上画线交于袖窿边缘。确定要抬高的大致高度，以确保袖口朝向前方。确定点 k、l、m、n（参考尺寸：点 k 到点 c″ 的距离为 6 cm；点 l 到点 e″ 的距离为 20 cm，点 m 到点 b″ 的距离为 16 cm，点 n 到点 f″ 的距离为 4 cm）。点 l 到点 e″ 的距离越长，袖子向前倾斜的部分越多。在确定长度的时候，需要考虑整体的平衡性，可以使用粗缝（或别针）修改设计并协助设计者做决定。用圆顺的曲线绘制袖窿边缘。

领口包袋造型

这个设计尝试将包袋造型放在领口位置。
在上衣上摆动的挂脖包袋就像一条巨大的项链。

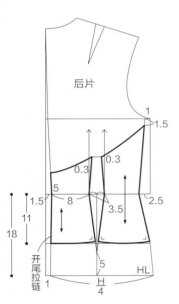
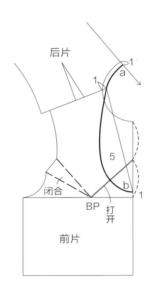
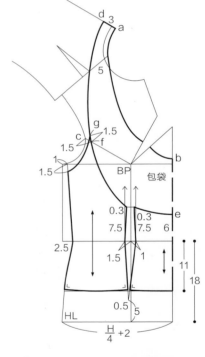

❶ 绘制后片衣身纸样。

❷ 在肩线处对齐前片和后片原型并复制纸样。后领口处增加 1 cm 确定点 a。在前中线上确定点 b。沿着点 a 和点 b 圆顺地画出领口弧线。将袖隆省转移到领口。

❸ 将纸样分为衣身部分和包袋部分。闭合袖隆省，并在袖隆上确定点 c。在后中线上距离点 a 3 cm 处确定点 d。在前中线上确定点 e。连接点 c 和胸高点（BP），距离点 c 1.5 cm 处确定点 f。用圆顺的曲线连接点 d、f、e。在点 f 上方 1.5 cm 处确定点 g。曲线 g—e 将纸样分为衣身部分和包袋部分。从点 g 到侧缝端点画出下落的袖隆。

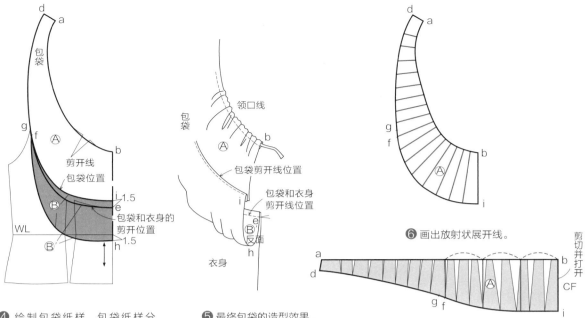

4 绘制包袋纸样。包袋纸样分为Ⓐ、Ⓑ和Ⓑ′三部分。Ⓑ′和Ⓑ连接，从正面看不见。前中线与腰围线交点向下 1.5 cm 确定点 h。用曲线连接点 f 和点 h。点 e 向上 1.5 cm 处确定点 i。用曲线连接点 f 和点 i。这条曲线是包袋的设计线。

5 最终包袋的造型效果。

6 画出放射状展开线。

7 剪切并打开，使点 a 到点 b 保持水平。如红线所示画出新加的剪开线。

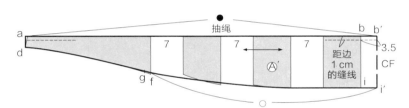

8 剪切并打开。确定点 b′ 和点 i′。将点 a 到点 b′ 的长度记为●。将点 f 到点 i′ 的长度记为○。在领口线上缝出抽绳通道。得到样片Ⓐ′。

抽绳
●×2+10
0.5

9 抽绳纸样。

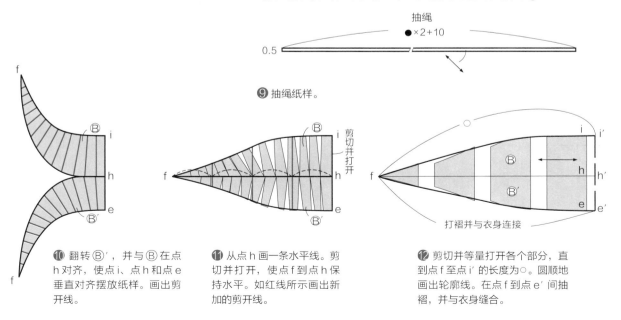

10 翻转Ⓑ′，并与Ⓑ在点 h 对齐，使点 i、点 h 和点 e 垂直对齐摆放纸样。画出剪开线。

11 从点 h 画一条水平线。剪切并打开，使点 f 到点 h 保持水平。如红线所示画出新加的剪开线。

12 剪切并等量打开各个部分，直到点 f 到点 i′ 的长度为○。圆顺地画出轮廓线。在点 f 到点 e′ 间抽褶，并与衣身缝合。

弹力抽褶

弹力抽褶可以使面料的回弹程度与对其施压的程度成正比。弹力抽褶可以使面料边缘产生波浪效果，如下方样片Ⓐ所示。

当在服装局部强化的部位抽褶时，布料会在肩部、领口、袖窿以及其他部位产生波浪。处理这些波浪很让人头疼，因此尝试制作样片Ⓑ以达到增加抽褶的同时又使边缘位置不产生波浪的效果。

基本技法

Ⓐ

Ⓑ

如何制作Ⓑ的效果

❶ 通过试缝计算抽褶所需要的面料量。不同的面料，针迹大小以及抽褶的密度都会影响其造型效果。因此必须在相同条件下做试缝。

❷ 例如一块边长为 30 cm 的正方形面料抽褶后缩减到边长为 17 cm，那么计算缩褶率 30÷17 ≈ 1.76。这意味着需要成品尺寸 1.8 倍的面料，即缩褶率是 1.8。

❸ 做一个成品弧线半径为●的抽褶。以点 a 为圆心，用虚线画一个半径为●的圆（点 a 是面料的中心）。

❹ 为了实现边缘位置没有波浪的设计效果，可以尝试在虚线圆圈内外制作设计接缝。如果将设计接缝放在成品轮廓线上，接缝会在面料抽褶时立起来。为了防止接缝立起，可以将设计接缝略微内移。将它向内移动 2 cm，形成一个半径为○的圆，并在纸样上画出剪开线的位置。在剪开处将纸样分为Ⓐ和Ⓑ两个部分。

❺ 通过对抽褶部分进行试缝来确定缩褶率。将缩褶率记为▲。则制作半径为○的圆Ⓐ所需的面料半径为（○ × ▲ = △）。将半径为△的圆记为样片Ⓐ′。

❻ 设计线向内移动 2 cm × ▲后的圆半径记为■。

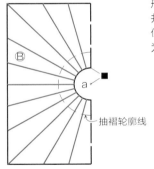

❼ 画出放射状展开线。

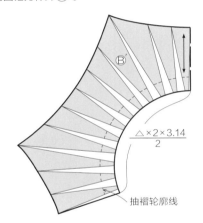

❽ 剪切并打开，使打开后的长度等于Ⓐ′ 周长的一半。样片Ⓑ转化为Ⓑ′。

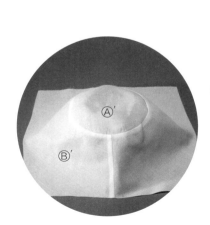

❾ 将Ⓐ′ 和Ⓑ′ 缝合在一起。

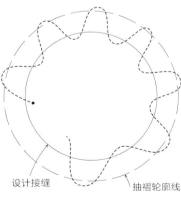

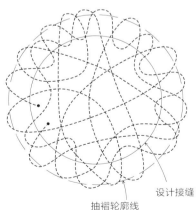

❿ 在圆里的空白处，可以用与试缝时相同大小针迹和密度的缝线对褶进行缝纫，但也不必太在意。完成抽褶后，便可以在面料反面轻轻拉扯面料，弹力线可以让你更灵活地调整造型效果。图中所示的缝合方法可以确保设计接缝不立起来。

在原型上增加抽褶

　　尝试在衣身的中间增加弹力抽褶，但领口和袖窿附近不产生波浪。在如第 79 页所示方法增加抽褶线迹时，要格外注意防止设计接缝立起来。我们将更多地关注细节以使设计展现其最自然的效果。

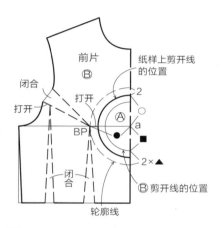

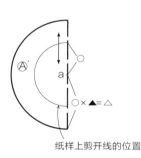

纸样上剪开线的位置

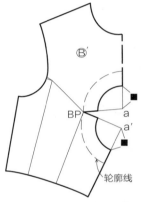

1 用面料抽褶试缝来确定缩褶率。将缩褶率记为▲。在前中线和胸围线的交点上标记抽褶中心点 a。将点 a 到 BP 的距离记作●。半径为●的圆成为抽褶的轮廓线。将纸样上剪开线的位置内移 2 cm，并画一个半径为○的圆。剪开线将纸样分为样片Ⓐ和Ⓑ。在Ⓑ中，向内量取 2 cm，则活动量为（2×▲）。由此得到半径为■的圆。闭合所有的省道。

2 绘制Ⓐ。作半径为（○×▲＝△）的圆，记为Ⓐ′。

3 闭合所有的省道；点 a 转化为点 a′。

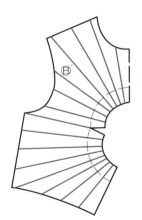

4 画出放射状展开线。

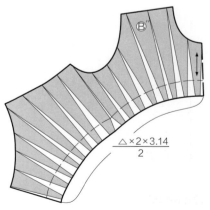

$$\frac{\triangle \times 2 \times 3.14}{2}$$

5 剪切并打开，使打开后的长度等于Ⓐ′周长的一半。样片Ⓑ′转化为Ⓑ″。将Ⓐ′和Ⓑ″缝合，并增加抽褶。

下摆起浪的抽褶上衣

对于抽褶技术的可穿性应用，可通过制作一件不对称设计的上衣来展示，其下摆处有一些从胸花抽褶延伸下来的波浪。

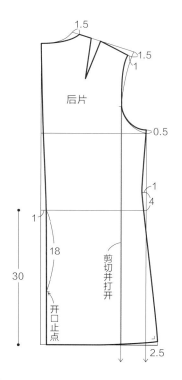

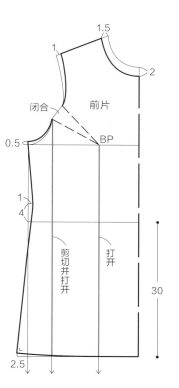

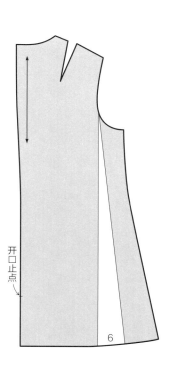

❶ 绘制衣身纸样。画出剪开线。

❷ 剪切并打开后片衣身。

前片

16

Ⓑ

Ⓐ 8

a

6

2

2 × ▲

纸样上剪开线的位置

轮廓线

上扩展剪开线位置

6

6

Ⓐ′

a

6 × ▲ = △

纸样上剪开线的位置

❹ 放大Ⓐ。得到半径为（6 cm × ▲ = △）的圆，记为Ⓐ′。

❸ 对抽褶部分进行试缝来确定缩褶率。将缩褶率记为▲。绘制左右前片衣身，并剪切展开。确定抽褶中心点 a。以点 a 为圆心画一个半径为 8 cm 的圆，这是抽褶轮廓线。轮廓线向内 2 cm 画出设计接缝线。设计线将纸样分为Ⓐ和Ⓑ。在Ⓑ中，增加 2 cm 的缝份用于活动量，所以将设计线内移（2 cm × ▲）。由此得到半径为■的圆。

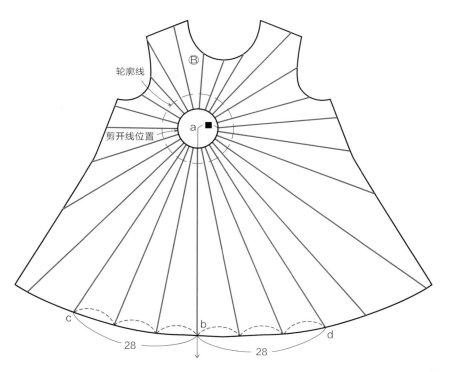

轮廓线

Ⓑ

a ■

剪开线位置

c

b

d

28

28

❺ 从点 a 画一条垂直线交于下摆，作为接缝，垂线与下摆的交点记为点 b。由点 b 分别沿下摆左右两边量取 28 cm，记为点 c 和点 d。将 c—b 和 b—d 三等分，画出能完全打开的剪开线。依次画出其他剪开线。

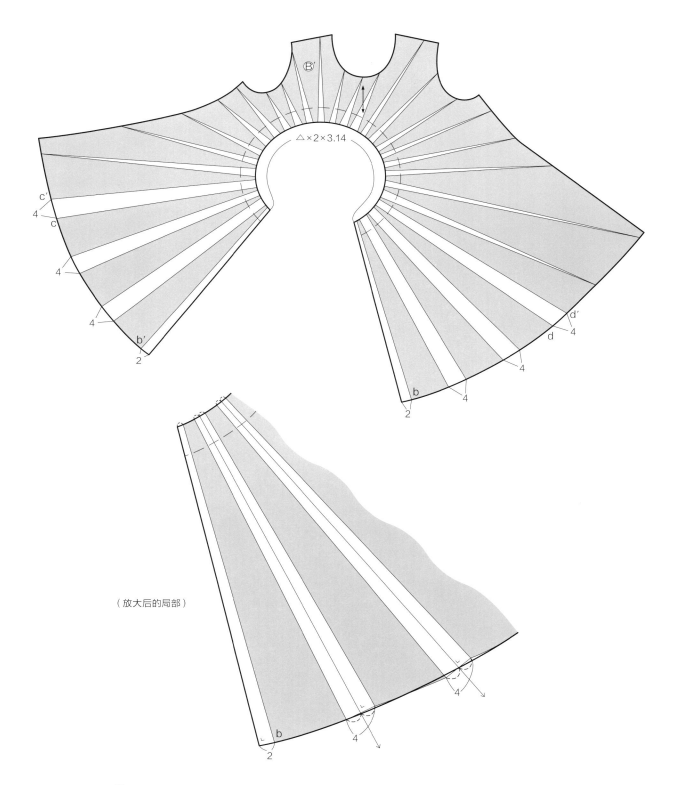

（放大后的局部）

❻ 剪切并打开边缘，增加为（ △ ×2×3.14）长度的抽褶量。同时，在下摆点 c、b、d 位置分别
打开，使下摆产生波浪。衣片Ⓑ转化为Ⓑ'。将Ⓐ'和Ⓑ'缝合，并进行抽褶。

锯齿造型

　　将不同长度的面料缝合在一起时，可以用抽褶或褶裥来调整设计。如果长度差异很小，可以控制面料，将其放松或拉紧……这里尝试将接缝改为锯齿形，并通过改变锯齿角度来调整面料长度。

基本技法

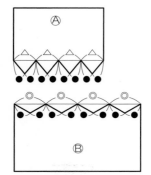

❶ 样片Ⓐ和Ⓑ长度不同。将样片Ⓐ需要缝合部分的边缘四等分。在等分点处用圆规量取●，画出锯齿线。用同样的方法将Ⓑ等分，量取●，并画出锯齿线。将Ⓐ和Ⓑ缝合。

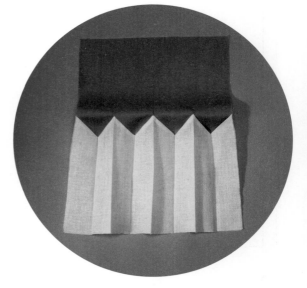

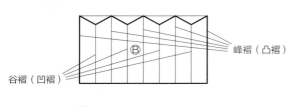

谷褶（凹褶）　　　　峰褶（凸褶）

❷ 尝试增加褶。

锯齿褶

在本款中，尝试给连衣裙的裙体增加锯齿褶。锯齿形的线条会给褶带来更强的立体感。

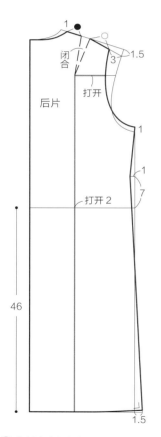

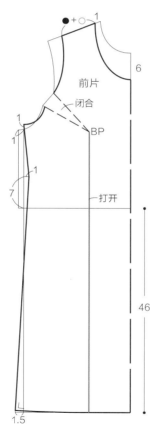

❶ 绘制连衣裙纸样。

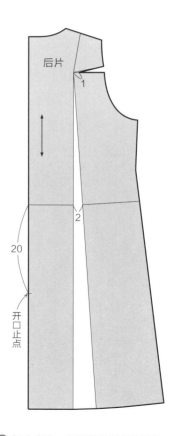

❷ 闭合肩省。在腰线位置剪切并打开 2 cm，将剩余的省量转移到袖窿。

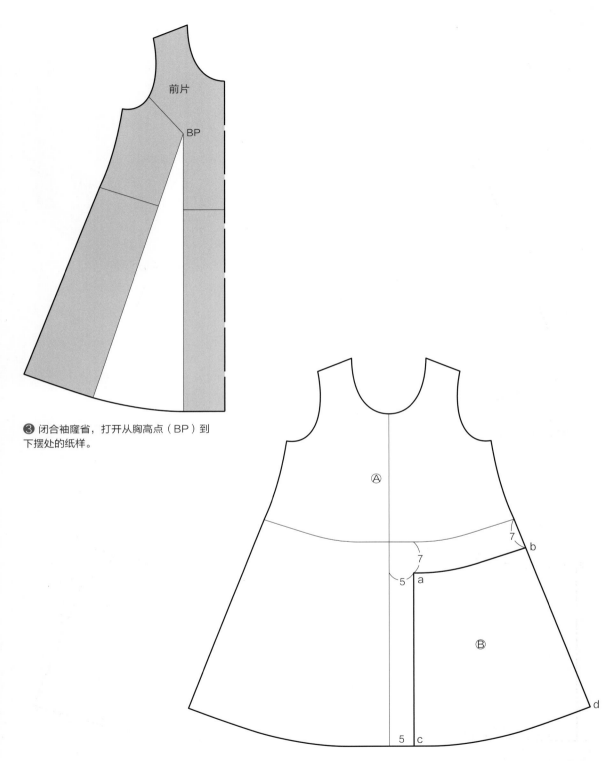

❸ 闭合袖窿省，打开从胸高点（BP）到
下摆处的纸样。

❹ 画出步骤❸中的镜像纸样，得到完整的连衣裙前片纸样。画出裙子左侧的设计线，将纸
样分成Ⓐ和Ⓑ两部分。确定点 a、b、c、d。

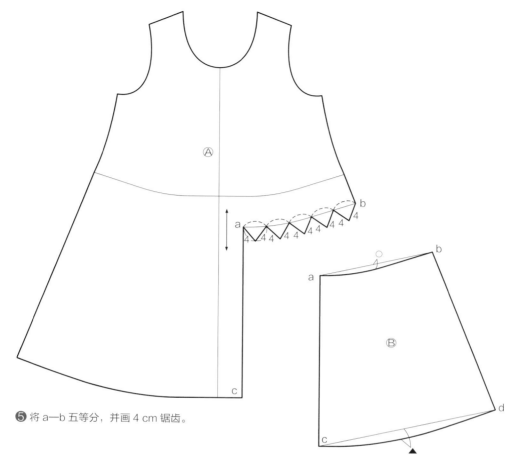

⑤ 将 a—b 五等分，并画 4 cm 锯齿。

⑥ 用直线连接点 a 和点 b，并确定 ○。连接点 c 和点 d，并确定 ▲。

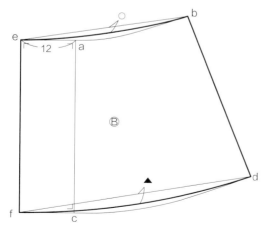

⑦ 过点 a 画水平线，量取 12 cm 确定点 e。过点 c 画水平线，量取 12 cm 确定点 f。用直线连接点 e 和点 b，量取 ○，画一条曲线。连接点 f 和点 d，量取 ▲，画一条曲线。

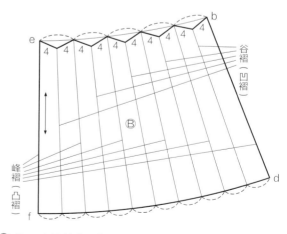

⑧ 将 e—b 五等分，并画 4 cm 锯齿线。将 f—d 十等分。连接等分点和锯齿点。

带锯齿线的羊腿袖

  尝试制作一种带有不同于常规打褶的锯齿泡泡袖。这种泡泡袖的线条感相对锐利，弱化了甜美感。

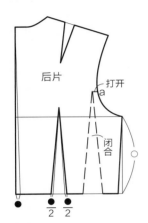

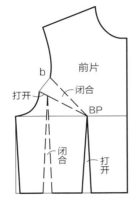

❶ 按照第 20 页所述的方法进行省道转移。确定点 a 和点 b。

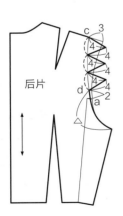

❷ 在肩线上取点 c，过点 a 和袖隆底点，画顺新的袖隆弧线。沿袖隆弧线距离点 a 向上 2 cm 处取点 d。将 c—d 三等分，在等分点处画 4 cm 锯齿线。将袖隆底点到点 d 的长度记为 △。

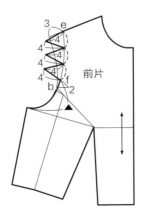

❸ 用相同的方法确定点 e 和点 f。用相同的方法画出锯齿。将袖隆底点到点 f 的长度记为 ▲。

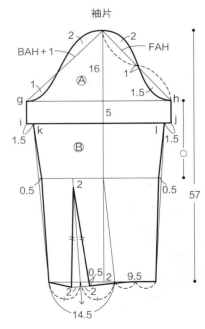

❹ 绘制袖子纸样。分成 Ⓐ 和 Ⓑ 两部分。确定点 g、h、i、j、k 和 l。

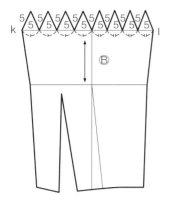

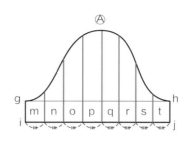

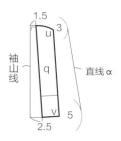

❺ 将点 k 到点 l 前后片的两个区域分别四等分。每个等分点画 5 cm 的锯齿线。

❻ 在样片 Ⓐ 上画剪开线。剪开线将前后片分别分成四部分，标识样片 m、n、o、p、q、r、s、t。

❼ 下面用样片 q 举例说明如何剪切展开面料。画一条垂直线作为袖山线。将样片 q 复制到这条线的右侧，上端距离此线 1.5 cm，下端距离此线 2.5 cm。以点 u 为圆心，以 3 cm 为半径用圆规画弧。以点 v 为圆心，以 5 cm 为半径用圆规画弧。画一条与两个圆弧相切的直线，记为直线 α。

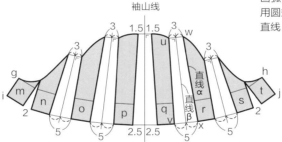

❽ 将点 u 和点 v 与直线 α 两端相连，将连线二等分，画直线 β 连接二等分点。从点 u 向直线 β 作垂线并延长，交直线 α 于点 w。用相同的方法确定点 x。基于点 w 和点 x 复制样片 r。用相同的方法处理样片 n、o、p、s。将样片 m 和 t 打开 2 cm。

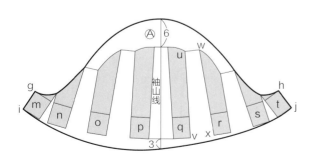

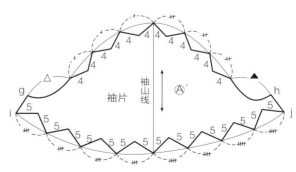

❾ 当增加锯齿时，由于锯齿的角变平，样片的长度会变短。Ⓐ 没有足够的袖山弧长与原袖窿匹配，因此将袖山高增加 6 cm。

❿ 从点 g 量取 △ 确定一点，将该点到袖山的部分三等分。用相同的方法，从点 h 量取 ▲ 确定一点，将该点到袖山的部分三等分，分别在等分点画 4 cm 锯齿线。在袖口线上，将点 i 到袖山线的部分四等分，点 j 到袖山线的部分四等分，分别在等分点处画 5 cm 锯齿线。样片 Ⓐ 转化为样片 Ⓐ′。

用锯齿线塑形

后片衣身的设计线可以塑造服装修身的视觉效果，本例选择在腰部进行收缩设计。背部两边设计线的长度会有细微的差别。

这是一个塑形过程，我们将尝试使用锯齿设计线将衣片缝合。

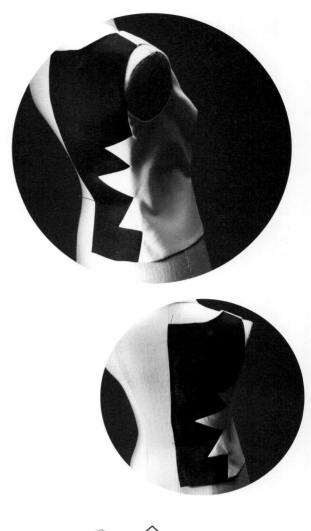

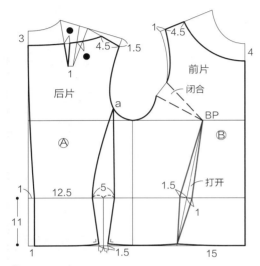

❶ 绘制衣身纸样。在后片，将肩省转移到领口。标记点 a。将纸样分成Ⓐ和Ⓑ两部分。

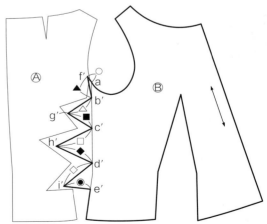

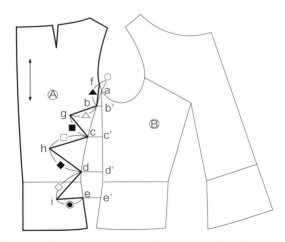

❷ 在样片Ⓐ的设计线处画出锯齿线。锯齿线与设计线的交点分别记为点 b、c、d、e。分别过点 b、c、d、e 画水平线，分别与样片Ⓑ的设计线交于点 b'、c'、d'、e'。锯齿顶点记为点 f、g、h、i。将点 a 到点 f 的距离记为○，点 b 到点 f 的距离记为▲。用相同的方式标记△、■、□、◆、◇、◉。

❸ 在样片Ⓑ的设计线处画出锯齿线。从点 a 量取○，从点 b' 量取▲，二者交于点 f'。用相同的方式确定点 g'、h'、i'。用锯齿线连接各点。

本书使用方法

　　本书中所有服装设计图的纸样绘制和制作都是基于日本成人女子文化式原型（日本 M 号：胸围 83 cm，腰围 64 cm，背长 38 cm）。服装纸样的立体造型展示使用 1/2 人台，此人台的尺寸是全码人台的一半；它的表面积为全身人台的 1/4，体积为全身人台的 1/8。使用 1/2 人台可以辅助我们更好地理解服装整体的平衡及外观效果。本书的目标是以一种通俗易懂的方式解读纸样结构，所以省略了服装实际生产中涉及的诸如放缝线、裁剪标记以及面料用量等纸样标记。

纸样绘制中的缩写

BP
胸高点

AH
袖窿

FAH
前袖窿

BAH
后袖窿

B
胸围

W
腰围

H
臀围

BL
胸围线

WL
腰围线

HL
臀围线

EL
肘位线

CF
前中心线

CB
后中心线

纸样绘制中的符号

基础线		绘制纸样时的基础引导线，用细实线表示
等分线		表示一条固定长度的线被等分为几段等长的线，用细虚线表示
轮廓线		表示纸样的完成轮廓线，用粗实线或粗虚线表示
连裁线		表示面料折叠裁剪，用粗虚线表示
缝线		表示面料缝合的位置，用细虚线表示
抽褶		表示面料抽褶的位置，用细波浪线表示
直角标记		表示直角，用细实线表示
交叉、重叠		表示左右纸样重叠
丝缕线		表示面料经纱方向为箭头方向，用粗实线表示
45°斜纱方向		表示面料斜纱的方向，用粗实线表示
省道合并和转移		表示纸样上的省道需要闭合，且纸样以闭合省道的省尖为旋转点旋转打开
拼合、连裁标记		表示裁剪面料时纸样被连续排列
对位标记		表示面料缝合时的对位点
等长标记		表示长度相同

纸样展开基础

成人女子文化式原型

　　这是以现代日本女性的体型为基础而制作的文化式原型，通过收省（胸省、肩省、腰省）使之形成贴合身体的立体纸样。

　　为了绘制原型，需要胸围（B）、腰围（W）、身高的尺寸。各部位的尺寸以胸围尺寸为基准，省量根据胸围和腰围尺寸计算出。总腰省量以腰围为 W/2+3 cm 的宽裕算出，即身宽－（W/2+3 cm）。为了完美地贴合身体，各部位尺寸需要进行详细的计算，但如果参考下面"各部位尺寸一览表"，就能比较简单地进行绘图。另外，94、95 页分别给出了胸围为 77 cm、80 cm、83 cm、86 cm、89 cm 的 1：2 原型纸样。希望大家可以灵活运用。

各部位尺寸一览表

单位：cm

⑧	身宽 $\frac{B}{2}+6$	Ⓐ~BL $\frac{B}{12}+13.7$	背宽 $\frac{B}{8}+7.4$	BL~⑧ $\frac{B}{5}+8.3$	胸宽 $\frac{B}{8}+6.2$	$\frac{B}{32}$ $\frac{B}{32}$	前领宽 $\frac{B}{24}+3.4=◎$	前领深 $◎+0.5$	胸省 $(\frac{B}{4}-2.5)°$	后领宽 $◎+0.2$	后肩省 $\frac{B}{32}-0.8$
77	44.5	20.1	17.0	23.7	15.8	2.4	6.6	7.1	16.8	6.8	1.6
78	45.0	20.2	17.2	23.9	16.0	2.4	6.7	7.2	17.0	6.9	1.6
79	45.5	20.3	17.3	24.1	16.1	2.5	6.7	7.2	17.3	6.9	1.7
80	46.0	20.4	17.4	24.3	16.2	2.5	6.7	7.2	17.5	6.9	1.7
81	46.5	20.5	17.5	24.5	16.3	2.5	6.8	7.3	17.8	7.0	1.7
82	47.0	20.5	17.7	24.7	16.5	2.6	6.8	7.3	18.0	7.0	1.8
83	47.5	20.6	17.8	24.9	16.6	2.6	6.9	7.4	18.3	7.1	1.8
84	48.0	20.7	17.9	25.1	16.7	2.6	6.9	7.4	18.5	7.1	1.8
85	48.5	20.8	18.0	25.3	16.8	2.7	6.9	7.4	18.8	7.1	1.9
86	49.0	20.9	18.2	25.5	17.0	2.7	7.0	7.5	19.0	7.2	1.9
87	49.5	21.0	18.3	25.7	17.1	2.7	7.0	7.5	19.3	7.2	1.9
88	50.0	21.0	18.4	25.9	17.2	2.8	7.1	7.6	19.5	7.3	2.0
89	50.5	21.1	18.5	26.1	17.3	2.8	7.1	7.6	19.8	7.3	2.0

腰省量分布一览表

单位：cm

总省量 100%	f 7%	e 18%	d 35%	c 11%	b 15%	a 14%
9	0.6	1.6	3.1	1	1.4	1.3
10	0.7	1.8	3.5	1.1	1.5	1.4
11	0.8	2	3.9	1.2	1.6	1.5
12	0.8	2.2	4.2	1.3	1.8	1.7
12.5	0.9	2.3	4.3	1.3	1.9	1.8

原型的绘制方法

原型分为衣身原型和袖原型，此处只列出了书中使用的衣身原型。

基础线

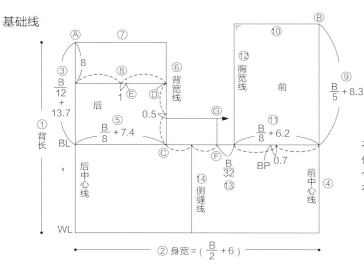

衣身的原型从基础线开始绘制。准确地计算各部位的尺寸，按照①~⑭的顺序依次绘制。按照这个顺序进行作图的话，一览表中的数据也从左往右依次读取。

轮廓线

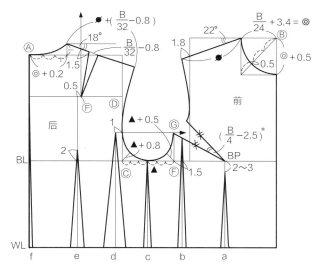

完成基础线后，画出领口、肩线、袖窿的轮廓线，最后画上省道。

转移省时的注意事项

以ⓐ为基点，合上腰省后袖窿处就会打开，但因为量很小，可以认为是袖窿的松量。另外，在作图需要时将原型的腰省标记出来，在不需要时可以省略。

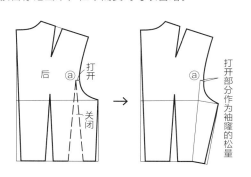

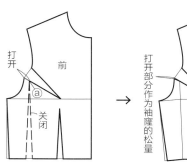

成人女子文化式原型 M 号尺寸（1：2 纸样）

在复印机上以 200% 的比例扩印即可以得到全码纸样。

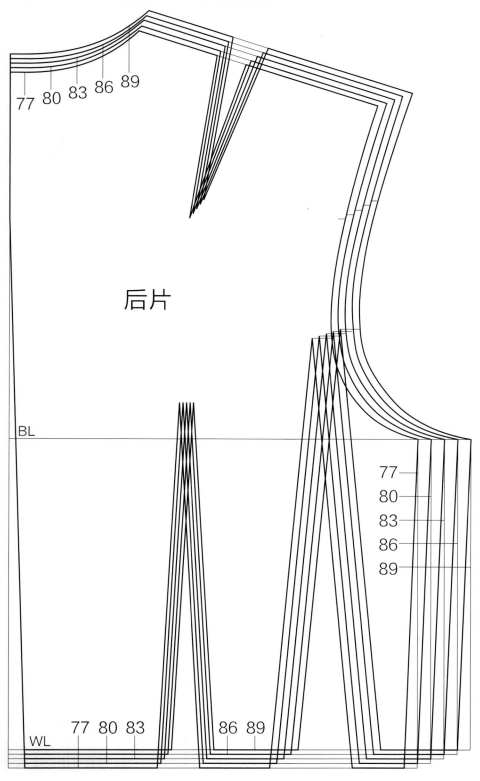

后片

77 80 83 86 89

BL

77
80
83
86
89

77 80 83   86 89

WL

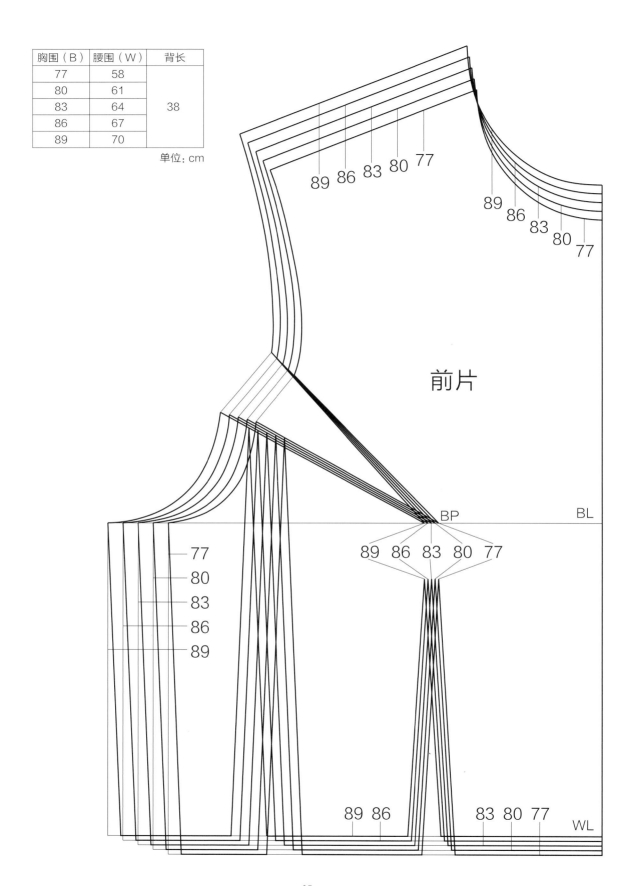

胸围（B）	腰围（W）	背长
77	58	
80	61	
83	64	38
86	67	
89	70	

单位：cm

前片

89 86 83 80 77

89 86 83 80 77

BL

BP

89 86 83 80 77

77
80
83
86
89

89 86   83 80 77   WL

后记

　　我热衷于看电视里播放的天气预报。当天气预报随着数字化变得越来越智能时，人很容易产生从天空向下看的错觉。然而，日本的一家电视台，其天气预报完全模拟真实情况制作，所有东西都是手工制作的。比如，用棉花制作云朵，通过拉绳子出现太阳或是闪电。不知何故，我更喜欢这种播报方式。手工艺品能吸引和陪伴人们。我喜欢想各种方法，从中发现不同的选择，这是非常有趣的。

　　我想借此机会向笠井藤野女士表示衷心的感谢，感谢她从第一本书开始就给予我宝贵的建议；感谢书籍设计师冈山和子、摄影师川田正昭、校对员杉田久子和编辑宫崎由纪子的团队，他们一直与我同行；感谢协助本书成为现实的我的团队以及其他所有人。

パターンマジック　vol.3

本书由日本文化服装学院授权出版

版权登记号：图字 09-2023-0012 号

PATTERN MAGIC vol.3 by Tomoko Nakamichi
Copyright © Tomoko Nakamichi 2014
All rights reserved.
Original Japanese edition published by
EDUCATIONAL FOUNDATION BUNKA
GAKUEN BUNKA PUBLISHING BUREAU.

This Simplified Chinese language edition is
published by arrangement with EDUCATIONAL
FOUNDATION BUNKA GAKUEN BUNKA
PUBLISHING BUREAU, Tokyo, in care of
Tuttle-Mori Agency, Inc., Tokyo through Pace
Agency Ltd., Jiang Su Province.

原书装帧：冈山和子
原书摄影：川田正昭
原书数字跟踪：Shikano Room
原书校对：杉田久子
原书责任编辑：宫崎由纪子（文化出版局）

图书在版编目（CIP）数据

中道友子魔法裁剪 3 /（日）中道友子著；李健，余佳佳译. — 上海：东华大学出版社，2024.1
ISBN 978-7-5669-2285-4

Ⅰ.①中… Ⅱ.①中… ②李… ③余… Ⅲ.①立体裁剪 Ⅳ.① TS941.631

中国国家版本馆 CIP 数据核字（2023）第 220894 号

责任编辑：谢　未
版式设计：南京文脉图文设计制作有限公司
封面设计：Ivy 哈哈

中 道 友 子 魔 法 裁 剪 3
ZHONGDAOYOUZI MOFA CAIJIAN 3

著　　者：中道友子
译　　者：李　健　余佳佳
出　　版：东华大学出版社（上海市延安西路 1882 号，200051）
本 社 网 址：dhupress.dhu.edu.cn
天 猫 旗 舰 店：http://dhdx.tmall.com
营 销 中 心：021-62193056　62373056　62379558
印　　刷：上海当纳利印刷有限公司
开　　本：787 mm×1092 mm　1/16
印　　张：6
字　　数：177 千字
版　　次：2024 年 1 月第 1 版
印　　次：2024 年 1 月第 1 次
书　　号：ISBN 978-7-5669-2285-4
定　　价：69.00 元